“中国饭碗”丛书
丛书主编　师高民

金花玉露·油菜

揭晓婧　贾浩　编著

“十四五”时期国家重点出版物出版专项规划项目

南京出版传媒集团
南京出版社

图书在版编目（CIP）数据

金花玉露·油菜 / 揭晓婧，贾浩编著. -- 南京：南京出版社，2023.10

（“中国饭碗”丛书）

ISBN 978-7-5533-4322-8

Ⅰ.①金… Ⅱ.①揭… ②贾… Ⅲ.①油菜—青少年读物 Ⅳ.①S565.4-49

中国国家版本馆CIP数据核字（2023）第134301号

丛 书 名 “中国饭碗”丛书
丛书主编 师高民
书　　名 金花玉露·油菜
作　　者 揭晓婧　贾　浩
绘　　图 商延毓　揭晓婧
出版发行 南京出版传媒集团
南　京　出　版　社

社址：南京市太平门街53号　　邮编：210016
网址：http://www.njcbs.cn　　电子信箱：njcbs1988@163.com
联系电话：025-83283893、83283864（营销）　025-83112257（编务）

出 版 人 项晓宁
出 品 人 卢海鸣
责任编辑 吕　睿
装帧设计 赵海玥　王　俊
责任印制 杨福彬

制　　版 南京新华丰制版有限公司
印　　刷 南京凯德印刷有限公司
开　　本 787毫米×1092毫米　1/32
印　　张 4.125
字　　数 60千
版　　次 2023年10月第1版
印　　次 2023年10月第1次印刷
书　　号 ISBN 978-7-5533-4322-8
定　　价 28.00元

用微信或京东APP扫码购书

用淘宝APP扫码购书

特邀顾问

郄建伟　洪光住　曹幸穗　任高堂　娄源功　戚世钧

卞　科　刘志军　牛进平　张成志　孙云茂　王发明

李　昭　李景阳　王凤成　何东平　郑邦山　王云龙

高志信　刘红霞　李志富　常兰州　惠富平　魏永平

苏士利　闫新善　冯伯利　李建成　赵　奕　任罗乐

倪　婉　潘　力　蓝韶清　张　凌　张永太　张　华

主编单位

河南工业大学　中国粮食博物馆

河南省首席科普专家师高民工作室

支持单位

中国农业博物馆　郑州大学

西北农林科技大学　沈阳师范大学

隆平水稻博物馆　中国农业大学

银川市粮食和物资储备局　武汉轻工大学

苏州农业职业技术学院　山东商务职业学院

湖南农业大学　西南民族大学

总序

“Food for All”（人皆有食），这是联合国粮食及农业组织的目标，也是全球每位公民的梦想。承蒙南京出版社的厚爱，我有幸主编“中国饭碗”丛书，深感责任重大！

“中国饭碗”丛书是根据习近平总书记“中国人的饭碗任何时候都要牢牢端在自己手中，我们的饭碗应该主要装中国粮”的重要指示精神而立题，将众多粮食品种分别著述并进行系统组合的系列丛书。

粮食，古时行道曰粮，止居曰食。无论行与止，人类都离不开粮食。它眷顾人类，庇佑生灵。悠远时代的人们尊称粮食为“民天”，彰显芸芸众生对生存物质的无比敬畏，传达宇宙间天人合一的生命礼赞。从洪荒初辟到文明演变，作为极致崇拜的神圣图腾，人们对它有着至高无上的情感认同和生命寄托。恢宏厚重的人类文明中，它见证了风雨兼程的峥嵘岁月，记录下人世间纷纭精彩的沧桑变迁。粮食发展的轨迹无疑是人类发展的主线。中华民族几千年农耕文明进程中，笃志开拓，筚路蓝缕，奉行民以食为天的崇高理念，辛勤耕耘，力田为生，祈望风调雨顺，粮丰廪实，向往山河无恙，岁月静好，为端好养育自己的饭碗抒写了一篇篇波澜壮阔的辉煌史诗。香火旺盛的粮食家族，饱经风雨沧桑，产生了众多优秀成员。它们不断繁衍，形成了多姿多彩的粮食王国。“中国饭碗”丛书就是记录这些艰难却美好的文化故事。

我国古代曾以“五谷”作为全部粮食的统称，主要有黍、稷、菽、麦、稻、麻等，后在不同的语境中出现了多种版本。在文明的交流融汇中，各种粮食品种从中东、拉美和中国逐步播撒五洲，惠泽八方。现在人们广泛称谓的粮食是指供食用的各种植物种子的总称。

随着人类社会的发展、科技的进步和人们对各种植物的进一步认识，粮食的品种越来越多。目前，按照粮食的植物属性，可分为草本粮食和木本粮食，比如，水稻、小麦、大豆等属于草本粮食；核桃、大枣、板栗等则是木本粮食的代表。按照粮食的实用性划分，有直接食用的粮食，比如，小麦、水稻、玉米等；也有间接食用的粮食，比如说油料粮食，包括油菜籽、花生、葵花籽、芝麻等。凡此，粮食种类不下百种，这使得“中国饭碗”丛书在题材选取过程中颇有踌躇。联合国粮食及农业组织（FAO）指定的四种主粮作物首先要写，然后根据各种粮食的产量大小和与社会生活的密切程度进行选择。丛书依循三类粮食（即草本粮食、木本粮食和油料粮食）兼顾选题。

对于丛书的内容策划，总体思路是将每种粮食从历史到现代，从种植到食用，从功用到文化，叙写各种粮食的发源、传播、进化、成长、布局、产能、生物结构、营养成分、储藏、加工、产品以及对人类和社会发展的文化影响等。在图书表现形式上，力求图文并茂，每本书创作一个或数个卡通角色，贯穿全书始终，提高其艺术性、故事性和趣味性，以适合更大范围的读者群体。力图用一本书相对完整地表达一种粮食的复杂身世和文化影响，为人们认识粮食、敬畏粮食、发展粮食、珍惜粮食，实现对美好生活的向往，贡献一份力量。

凡益之道，与时偕行。进入新时代，中国人民更加关注食物的营养与健康，既要吃得饱，更要吃得好、吃得放心。改革开放以来，我国的粮食产量不断迈上新台阶，2021年，粮食总产量已连续7年保持在1.3万亿斤以上。我国以占世界7%的土地，生产出世界20%的粮食。处丰思歉，居安思危。在珍馐美食和饕餮盛宴背后，出现的一些奢靡浪费现象也令人触目惊心。恣意挥霍和产后储运加工等环节损失的粮食，全国每年就达1000亿斤以上，可供3.5亿人吃一年。全世界每年损失和浪费的粮食数量多达13亿吨，近乎全球产量的三分之一。“一粥一饭，当思来之不易；半丝半缕，恒念物力维艰。”发展生产，节约减损，抑制不良的消费冲动，正成为全社会的共识和行动纲领。

“春种一粒粟，秋收万颗籽”，粮食忠实地眷顾着人类，人们幸运地领受着粮食给予的充实与安宁。敬畏粮食就是遵守人类心灵的律法。感恩、关注、发展、爱惜粮食，世界才会祥和美好，人类才会幸福生活。我们在陶醉于粮食恩赐的种种福利时，更要直面风云激荡中的潜在危机和挑战。历朝历代政府都把粮食作为维系国计民生的首要战略目标，制定了诸多重粮贵粟的政策法规，激励并保护粮食的生产流通和发展。行之有效的粮政制度发挥了稳邦安民的重要作用，成为社会进步的强大动力和保障。保证粮食安全，始终是国家安全重要的题中之义。

国以民为本，民以食为天。在习近平新时代中国特色社会主义思想指引下，全国数十位专家学者不忘初心、精雕细琢，全力将“中国饭碗”丛书打造成为一套集历史性、科技性、艺术性、趣味性为一体，适合社会大众特别是中小学生阅读的粮食文化科普读物。希望这套丛书有助于人们牢固树立总体国家安全观，深入实施国家粮食安全战略，进一步加强粮食生产能力、储备能力、流通能力建设，推动粮食产业高质量发展，提高国家粮食安全保障能力，铸造人们永世安康的“铁饭碗”“金饭碗”！

师高民

（作者系中国粮食博物馆馆长、中国高校博物馆专业委员会副主任委员、河南省首席科普专家、河南工业大学教授）

前言

还记得小时候，在外婆家度过的童年时光中，家门外便是一片一望无际的田野，田野的上方是一条一眼望不到头的铁路，不时会哐当哐当驶过一列冒烟的火车。一到春天乍暖还寒的时候，一群孩子便会搬出小板凳，一边写作业一边远远看着家里的长辈去打理田里的油菜。那时候，作业写累了，就会被田野里的虫、草吸引，扔下笔去田里逮蚱蜢。我在田埂上小心翼翼地跑着，风从耳畔划过，快乐仿佛田野中的阳光一样唾手可得。随着风一天一天转暖，油菜开始大片大片地开花，那会儿还没有手机这样便利的拍照工具，仅仅是外公带着卡片相机，身后跟着一群附近的孩子，吵吵嚷嚷地要求与油菜花合影。这一场热闹景象，可是要一直持续到油菜花开尽之后了。

现在看着每年4–5月油菜花盛开之际，手机里推送的关于油菜花田的新闻已经铺天盖地，但往往大多数人是走马观花欣赏着她的美丽，而那金色小花身后的故事，以及那些辛勤劳作的农民们种植她的初衷都值得细细道来。很多游客仅将花田视为景点，来来去去将花田踩踏得不成样子，却不知花枝被踏进泥里，作为油料作物的油菜会大大减产。虽然随着科技与农业的发展，我们的餐桌愈加丰富，对油菜油料价值的依赖在减少，反而是油菜花的观赏价值愈加变得重要，但她一路蹚过历史长河跟随着我们走到今天，我们更应该对她的美丽的外表与温润的内涵温柔以待。

本书从油菜的自然、历史、科技、文化等方面，全方位地讲述油菜的发展历程。力求全面系统地阐述油菜从种植到收获、加工、售卖以及对人类社会的影响。揭开油菜的神秘面纱，看她在历史的长河中如何陪伴我们一路成长，成为我们生活中息息相关的重要一员。

目录

大家好！

我是金铃。

亚欧大陆是我的家乡！

作为十字花科的一员，大家一定对我不陌生，平时都叫我油菜花，但是我还有一个古朴又动听的名字叫“芸薹”。

说起利用价值，我的用途可不小，嫩苗清香可作蔬菜食用，花朵妍丽让我有不菲的旅游观赏价值，当然更重要的是我的种子榨出的油占据了全世界植物食用油的13%～16%。

下面就让我仔细说道说道我的一生吧！

一、遍地春光远流长

1. 金色名片

“油菜花开满地黄，丛间蝶舞蜜蜂忙。清风吹拂金波涌，飘溢醉人浓郁香。”提起油菜花，大家都不陌生。油菜花漫山遍野的金色是春天的礼物。作为农作物中的颜值担当，油菜花盛开之时，便是乡间田野最为热闹的时刻。每年3月中下旬，金色的花浪翻滚而来，总能吸引大批的游客来到山林田野寻找春色。

除了极高的观赏价值，油菜同样是作为一种可食用的蔬菜而被人所熟知。早在东汉时期就有了食用油菜的记载。在东汉服虔撰写的《通俗文》中提到“芸

油菜花盛花期景象

薹谓之胡菜”，这里的“芸薹”，指的就是油菜。在那个时代，随着气候变冷，亚热带气候整体南迁，居住在西北地区的人们已经感受到原本温暖湿润的气候逐渐被寒冷干燥所取代，而芸薹就是在这份寒冷中开始生根的。农历二月初，在寒风中它都可以颤颤巍巍的发出嫩芽，在随后而来的初春时节，便能迅速在乡野间铺开绿意，那时候的百姓便把它端上餐桌当蔬菜来食用。在汉代时它被称之为南方蔬菜中的“味最佳者”，足见当时百姓对它的喜爱了。虽然油菜最早出现于西北地区，但是随着商队贸易活动的增加，人们发现油菜在温暖湿润的南方也同样能够扎根。到唐朝时，大家便开始探索它的其他用途。到北宋时，勤劳的人民发现油菜的种子含油量极高，便在《图经本草》中写道：“出油胜诸子，油入蔬清香，造烛甚明。”宋朝《天工开物》中也详细描述了如何利用油菜籽榨油以及如何榨出更多油的方法。榨油便是油菜在当时的主要用途了。到了南宋（12—13世纪），它已发展为掐薹为蔬、收籽榨油的蔬油兼用的优良菜类。当然除了榨油与食用，在我们五千年的文化中，油菜可不止这一点用途。医书中记载，油菜还是一味能润肠通便、解毒消肿、凉血散瘀的中药材。如《本草纲目》有云:“黄金花结粟米实，细研酒下十五粒，灵丹功效妙如神，难产之时能救急。”油菜茎、叶可以用来主治痈肿丹毒，种子能够止血，治产后的多种疾病，医治难产妇人等等。

谈了这么多油菜的作用，那么，油菜究竟都分布在哪些地方呢？油菜的足迹几乎遍布中国的大江南北，作为喜凉作物，它的分布极为广泛，北起黑龙江和新疆，西至青藏高原，南至海南，只要土壤肥沃，耕作合宜，它便能生存。当然，油菜强大的生命力使它在欧洲北部、北美等气候温和的地方也能生长。

至于油菜为什么被称作“金色的名片”，跟随本书的脚步，你就能找到答案啦!

2. 飘香之路：油菜的起源和传播过程

油菜的栽培历史十分悠久，公元前两千多年便有了用梵文记载的关于油菜的史料，但谈起油菜的起源之地，其实还颇具争议，目前的研究认为，这金色的小花主要有两个出处。

起源之一是我们所在的亚洲，历史上，以中国、

陕西半坡遗址中发掘出土的炭化油菜籽

印度以及中东一带为中心的区域里，散布的品种是白菜型油菜与芥菜型油菜，它们虽然身材矮小纤细，但在春天与冬天的寒风中屹立。据资料记载，中国与印度是世界上油菜栽培历史最悠久的国家，印度在公元前2000—2500年就被发现种植白菜型油菜品种“沙逊”，而中国，在公元前四千多年的陕西半坡新石器时代仰韶文化遗址里发掘出的陶罐中，发现了大量炭化的芥菜型油菜籽。在湖南长沙，距今两千多年前的马王堆西汉古墓出土的农作物中，也发现了保存完好的油菜籽，其种皮呈黑褐色，圆球形，它的形状大小和现今栽培的油菜籽已经较为相似了。

明代李时珍所著《本草纲目》中，指出古代栽培

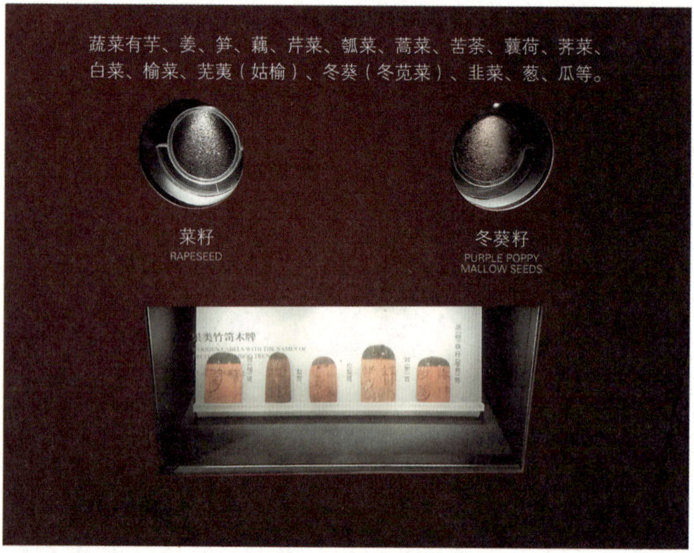

长沙马王堆汉墓陈列的油菜籽（贾浩　摄）

的芥菜和芸薹乃今之油菜。溯其源分布在苦寒之地，冬月种下，能历霜雪。学者由此推断出，我国的油菜应是由西北旱作地区开始种植，逐步扩展到南方长江流域水稻区域种植。

起源之二就是以地中海沿岸为重心的欧洲大陆，这里便是现今种植最广泛的品种——甘蓝型油菜的起源地。甘蓝型油菜是由油菜与甘蓝杂交所得，身形与花瓣较大，种子含油量较高。它的历史可以追溯到青铜器时代，瑞士东北部的苏黎世曾发现青铜器时代的

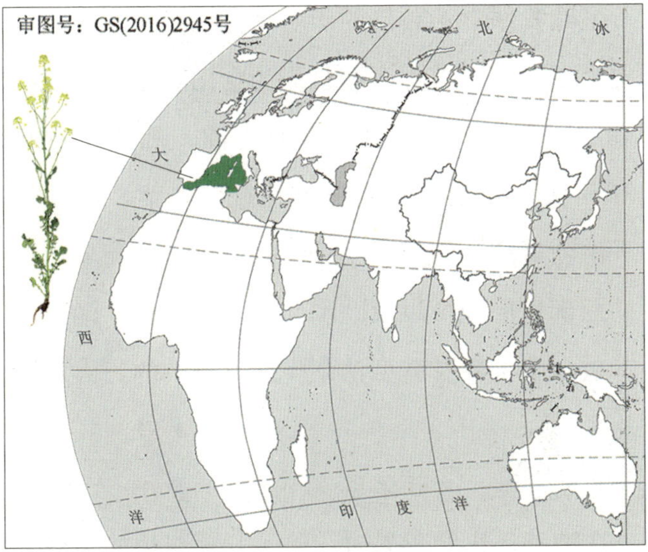

甘蓝型油菜的主要发源地

甘蓝型油菜种子。到了16—17世纪，甘蓝型油菜在比利时、荷兰、德国等国家有了广泛的栽培，随后，美洲、大洋洲也开始引进欧洲的油菜品种，开始了自己的种植之路。

另外，还有一些非主流起源地，如以非洲东北部为主的非洲起源中心，它是埃塞俄比亚芥菜型油菜的起源地，也有人称之为“非洲油菜”，但其种植面积较小，一般不作为油菜的主要品种之一，本书也不作详细阐述。

虽然我国油菜栽培的历史十分悠久，但在我国的历史发展中，油菜更多的是作为食用蔬菜，而油菜作为高经济作物的主要作用还是榨油，因此，在20世纪30年代，我国从欧洲引入甘蓝型油菜，并在长江中下游流域广泛种植。至今，我国的长江流域、加拿大的西部草原地区以及欧洲北部是世界三大油菜主产区，也是全世界甘蓝型油菜生产最集中的三大产区。

3. 余味无穷：油菜的营养价值

在油菜还未结荚果时，除了开满遍地的金黄吸引游客之外，它还能当作蔬菜食用。作为常见蔬菜它有着清香的气味，鲜嫩的口感，并且有着较高的营养价值与药用价值。

油菜花性凉、味甘，脂肪含量比较低，而且富含膳食纤维，能够促进肠道蠕动，可以帮助人体排出体内的宿便，所以油菜可以辅助减肥；油菜所含的维生素C以及胡萝卜素比较丰富，经常吃能够提高身体的免疫力；油菜所含的钙也比较丰富，常食油菜有一定的补钙效果；油菜还具有降低血脂、解毒消肿等功效；油菜中所含的植物激素，能够促进酶的形成，对进入人体内的致癌物质有吸附作用，故有一定的防癌功能。此外，油菜还能增强肝脏的排毒能力，对皮肤疮疖、乳痈有治疗作用。梳理了这么多油菜的功效与好处，才知道油菜瘦小的身体中蕴含着如此大的能量。

油菜全身都是宝。食用油菜对身体大有裨益，油菜籽榨出的油同样营养价值丰富。菜籽油中富含不饱和脂肪酸，特别是亚油酸和亚麻酸，这些脂肪酸对人体健康很有益处，能够降低血脂、预防心血管疾病。菜籽油中富含维生素E，这是一种强效的抗氧化剂，能够帮助保护细胞免受自由基损害，减缓衰老和预防疾病发生。菜籽油中含有大量的类黄酮和胡萝卜素等天然色素，有利于增强身体免疫力和抵抗力；其中所含有的钙、铁、锌、硒等矿物元素能够帮助维持身体健康和正常的生理功能。总之，适量食用菜籽油对人体健康非常有益。

是不是没想到油菜这么厉害？它还有很多你想不到的好处，除了前文提到它是一味中药之外，油菜还具有很强的保健功效。油菜花粉中含有吲哚乙酸，对人身体的炎症有不错的预防、辅助治疗作用，能够抑制体内炎症细胞的聚集。除此之外，油菜花粉还能调节内分泌紊乱，实在是大有用途。

4. 成长历程：油菜的生长发育和大田生产过程

小时候，一到白露季节，奶奶便要着手准备为油菜育苗了。家中院子里的一小畦菜地中，在9月之后总是有一簇簇绿油油的苗，待到油菜幼苗逐渐健壮，便要将它移栽到田野之中。等到入冬之后，油菜的大片叶子便长出来了，有时薄薄的积雪覆盖住青绿的枝叶，倒也显得分外可爱。转眼间到了来年春天，这是油菜一生中最重要的季节，油菜返青、从开花走向成熟。总的来说，油菜一生要走过幼苗阶段、蕾薹阶段、开花阶段，最后散发成熟的气息，四个时期的油菜都有自己独特的魅力。

油菜的幼苗阶段是指从长出幼苗到出现花蕾这段时间，在我国的长江流域，从10月中下旬到2月中旬都是油菜的幼苗阶段。

选择一片肥沃而平坦的田地播下种子，油菜便开始了生长。幼苗期的油菜对低温十分敏感，温度低于3℃时，油菜便会纷纷“抗议”，拒绝成长。而早春的天气又变化无常，因此低温和寒潮常常是油菜幼苗成

油菜幼苗阶段示意图

长的最大杀手。

蕾薹阶段是指油菜从出现花蕾至初花时期。我国冬油菜蕾薹期一般在2月中旬至3月中旬。这个时期的油菜要想茁壮生长，则需要施肥与施药，并且应尽量减小田间湿度。蕾薹期的营养生长和生殖生长同时进行，所以油菜在这段时间里会快速地长高与抽出花茎。

油菜蕾薹阶段示意图及实景图

油菜开花阶段实景图

油菜开花阶段示意图

开花阶段是指从开始开花到开花结束的时期。油菜开花期的魅力在于花期内都能看见漫山遍野的金黄，而如果期间气温稍低一些，它还能多陪伴人们一段时间。油菜开花期是营养生长转入生殖生长最旺盛的时期，因此开花期也要注重肥料的施用，保证油菜花期的营养。

成熟期是指油菜终花期至角果种子成熟的时期。成熟期是油菜花生殖生长期，此时油菜的角果伸长膨大、籽粒变得饱满而充实。人工收割后要堆垛和晾晒，以便籽粒充分成熟。再之后，便到了脱粒的工序，将充分成熟的油菜籽从狭长的角果中脱离出来，并清除多余角料与尘土。

油菜成熟期示意图及实景图

二、菜花油油遍地开

1. 三口之家：油菜的类型、分布与种质资源特点

喜爱冷凉气候的油菜，同时还喜爱湿润的环境，如果白天与夜晚的温差较大，那便是最好不过了。虽然听起来要求颇多，但油菜可不是金贵的娃娃，作为一个对土壤没有太大要求的作物，油菜几乎能在世界每个角落生长。油菜种植最适宜的区域是在北纬32度附近，这里分布着一条长达两千多公里的世界油菜花带，这条油菜花带涵盖了我国大部分地区，因此，油菜在我国可谓是随处可见，遍地开花。

油菜之所以能分布如此广泛，与它的三个类型有

审图号：GS(2016)1570号

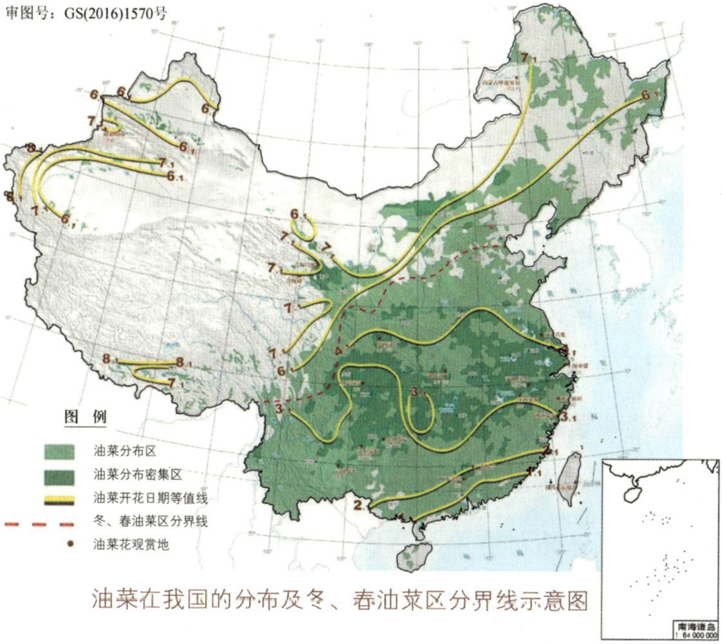

油菜在我国的分布及冬、春油菜区分界线示意图

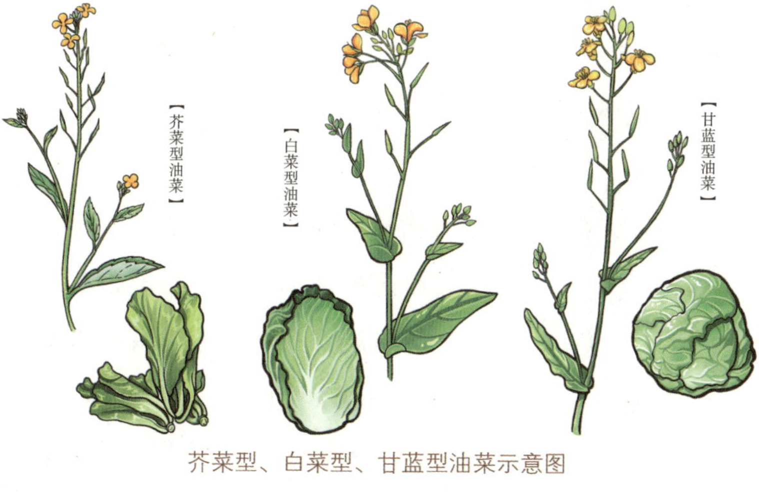

芥菜型、白菜型、甘蓝型油菜示意图

极大关系，芥菜型油菜、白菜型油菜与甘蓝型油菜组成了油菜的三口之家，这三种油菜各有所长，各有最适宜的生存环境。

如果在春暖花开之际寻找油菜的足迹，那一定要沿着长江流域一路探寻。冷冽的寒冬刚收起严肃面容，江南大地过了乍暖还寒的时候，随意爬上一座田野深处的小山丘，那便是“吹苑野风桃叶碧，压畦春露菜花黄”。偶入那片金色的海洋，便会不自觉陶醉其中，而这片江南大地上通常种植的是白菜型油菜。它的植株相对娇小，所以也常叫其“矮油菜”或“小油菜”。白菜型油菜在我国还分为冬油菜与春油菜，顾名思义，冬油菜便是秋冬季种下，来年春季收获；春油菜便是春季播种，夏季采收。在长江流域种植的大多为冬油菜。说起白菜型油菜，就不得不提起它的起源，目前各国学者都认为其起源于中国，毕竟作为有着数千年历史的文明古国，油菜

白菜型油菜的花朵示意图

白菜型油菜开花期实景图

作为蔬菜被食用早已历史悠久。

白菜型油菜的特点是花瓣大小不齐，且花瓣在花萼两侧互相重叠生长。其种子为褐色或者黄色，种子大小也各有不同。提到种子，便要提及油菜现如今最重要的作用——榨油。白菜型种子含油率一般在35%～45%之间，在油菜各品种中处于中等水平。而白菜型油菜从生长到成熟的这一段生长成熟期相对较短，为90～150天，因此属于榨油生产潜力较小的类型。

还有一种油菜也起源于我国，是芥菜型油菜，又叫高油菜或者苦油菜，原产于我国的西部或西北部，现主要分布在西北和西南各地。芥菜型油菜的花瓣窄

芥菜型油菜的花朵示意图

小，且相互分开，种子颜色多为金黄色或暗红色。它的种子有个极为特殊的点，便是研磨后有明显辣味，通常被用作调味料。与白菜型油菜类似，芥菜型油菜生长周期也比较短，同样分为春油菜与冬油菜，其生育周期为60～130天与160～250天。从芥菜型油菜的原产地范围来看，这种油菜相较于白菜型油菜更加抗旱、抗寒，适于山区、寒冷地带及土壤瘠薄地区种植。芥菜型油菜籽含油量比较低，一般在30%～35%，油的品质也相对较差，但因其对土壤的要求不高，适宜种植的地区也十分广阔。

油菜家族中还有一位久负盛名的成员，那便是从欧洲辗转而来的甘蓝型油菜，又被称为“洋油菜”。它原产于欧洲，在20世纪40年代，被我国从日本引种，目前主要在长江流域种植。甘蓝型油菜的植株高大，根系比较发达，茎叶呈椭圆形，因为其叶的颜色与甘蓝很像，所以被称为甘蓝型油菜。甘蓝型油菜的生长期是三种油菜中最长的，在长江流域的冬油菜生长成熟期长达170～270天，大半年的时光都有它的陪伴。有人会疑惑我国已有两种本土油菜，为何还要向国外引种呢？这就不得不提甘蓝型油菜的最大特点了——它产量高、种子含油率高。甘蓝型油菜的种子为黑色或者黑褐色，形质大并且饱满，种子含油量一般稳定在40%左右。因为它的产量比较高，并且身强体壮，因此是油菜家族中分布最为广泛的类型。

甘蓝型油菜的花朵及植株示意图

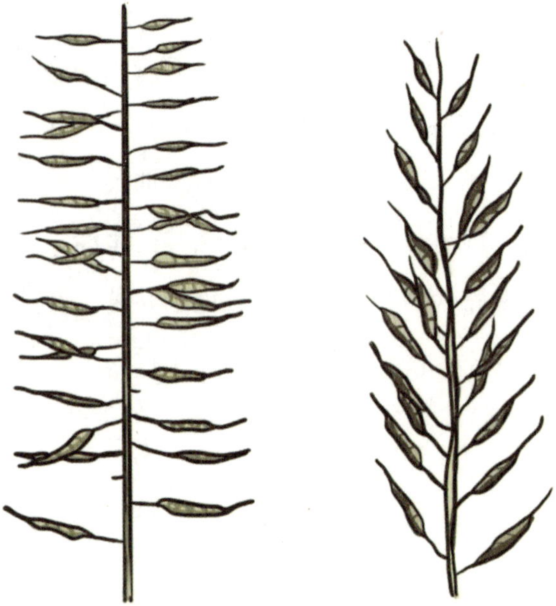

芥菜型油菜、白菜型油菜种子的生长特点

这三种油菜的种子根据角果在果轴上着生的状态也各有不同，具体分为平生型、斜生型、直生型、垂生型四种。平生型果柄与果轴之间角度仅有20～30度，此种果型大多数为芥菜型油菜；斜生型果柄与果轴之间角度有40～60度，多出现在白菜型油菜的身上；直生型果柄与果轴之间角度接近90度，垂生型角

甘蓝型油菜种子的生长特点

果向下挂垂，果柄与果轴角度大于90度，这二者多为甘蓝型油菜品种。

一定还有人好奇，除了我国，世界其他国家都种植什么品种呢？目前来看，同为亚洲的印度栽培的油菜主要是芥菜型品种，其次是白菜型，甘蓝型品种则是近年才种植的。在欧洲，基本上以甘蓝型品种为主，白菜型品种比重很小，而芥菜型品种主要用于生产调料或芳香油而有少量种植。北美洲油菜主产国加拿大主要种植的是甘蓝型品种，白菜型品种和芥菜型品种目前种植面积很小。

经过农技工作者们的不懈努力，2023年我国农作物优良品种推介的241个品种中，油菜便占据26个，如沣油737、丰油730、华油杂62、中双11号、华油杂9号、阳光2009、秦优10号、浙油50、青杂5号等。各地区都有自己适宜种植的品种，这使得我国油料产出不断刷新纪录。

当然，作为十字花科芸薹属的一员，油菜的家族中还有一些我们的好朋友。以上提到的油菜种植基本是作为油料作物出现的，但是油菜除了种子能够榨油之外，在与人相伴的漫长时光中，它更多的是作为我们常见的蔬菜。因栽培手段的不一样，油菜还有不少亲戚，平时餐桌上常见的白菜、甘蓝、紫菜薹、小油菜、芥菜等都是榨油油菜的近亲。

我们还称油菜为芸薹、寒菜、胡菜、苦菜、苔芥、瓢儿菜等，它的叫法可谓千千万万。白菜与青菜最大的区别为白菜长着白梗，叶片为青绿色，吃起来

1. 白菜　2. 结球白菜　3. 芜菁　4. 芥菜　5. 榨菜
6. 青菜　7. 雪里蕻　8. 紫菜薹　9. 乌塌菜

1. 甘蓝　2. 抱子甘蓝　3. 西蓝花　4. 花椰菜　5. 宝塔菜
6. 紫甘蓝　7. 紫色花椰菜　8. 羽衣甘蓝

油菜的亲朋好友

油菜的亲戚们

- **野甘蓝**：一般称作包菜，也叫包心菜、卷心菜、疙瘩白、猪肝心菜，大头菜等。
- **擘蓝**：从欧洲引进的品种，又称为芥兰头（广州）、玉头（内蒙古）、苤蓝（北京）、茄莲。
- **白花甘蓝**：白花甘蓝起源于中国，原产地不详，据文字记载其在中国已有至少900年的栽培历史，在中国广东、广西常见栽培。又称为芥兰、白花芥兰、白花芥蓝、芥蓝。
- **抱子甘蓝**：原产地中海沿岸，欧美各国广泛种植。别名为小圆白菜、小卷心菜、芽卷心菜、芽甘蓝。
- **羽衣甘蓝**：羽衣甘蓝原产地中海沿岸至小亚细亚一带，主要分布于温带地区。又被叫做绿叶甘蓝、牡丹菜。
- **蔓菁甘蓝**：蔓菁甘蓝分布在中国内蒙古自治区。当地又叫做卜留克、洋大头菜、芜菁甘蓝。
- **花椰菜**：花椰菜原产地中海沿岸。又被称作花菜、菜花、椰菜花、开花菜。
- **芜菁**：全世界广泛分布，中国主产于西藏、青海、云南、四川、甘肃等地。又称为蔓菁、变萝卜、圆根。
- **青菜**：青菜原产于中国，是黄河和淮河流域的地方特产蔬菜之一，又叫小白菜。
- **白菜**：白菜原产中国华北，又被称为大白菜、黄芽菜、结球白菜、包心白菜。
- **紫菜薹**：紫菜薹原产于中国，主要分布在中国长江流域一带。又叫做红菜薹、红油菜薹、红菜、大股子。
- **芥菜**：芥菜是中国的特产蔬菜，欧美各国极少栽培。又被叫做盖菜、芥、挂菜。
- **雪里蕻**：雪里蕻为常见蔬菜，在中国南北两地播种广泛。又叫雪里红、雪菜、春不老、霜不老。

口感脆嫩，略带一点甜味；甘蓝一般呈现球状，叶片大而厚，质地脆嫩，但吃起来苦味较重；芥菜植株矮小，叶片青绿色，叶柄也是绿色，味道苦涩但有特殊香味。别小看这几种菜，不同的烹饪手法，可以让它们变成不同的美味佳肴。东北名菜猪肉炖粉条中，就少不了白菜的参与，可以中和肉的肥腻，为这道菜增添不少风味。芥菜就更妙了，湖南有道名菜为黄菜，相传是古时水运发达的渌江流域，船夫为节省船上空间，随手拎起一把芥菜往装水的空木桶里一扔，恰巧行船的炉子上水正沸，粗心的艄公还以为是放好了茶叶，拎起壶就将开水倒入桶中，盖上木盖，便开船了。黄昏时分，船靠岸边，歇脚时候揭开盖子，桶中竟飘出一股清香，芥菜居然变黄了，取了下锅入菜，食之觉芥菜的苦涩不见了，只留下唇齿清香。而说到甘蓝，大家一定更不陌生了，作为舶来品，是制作蔬菜沙拉的原材料之一，一般作为生食食用，但是甘蓝口感并不佳，胜在清爽可口。由此看来，油菜的亲朋好友们在饭桌上，可谓各有千秋。

2. 家在何方：油菜的种植区划与产业现状

虽然油菜花春季时在我国大江南北处处可见，但它也有着自己最适宜的生长环境。油菜适合在比较凉爽的地方生长，是抗寒能力比较强的植物。油菜喜冷的环境，较为耐寒，种子发芽的温度为3℃～5℃。这种抗寒性，使得南方地区大部分是在冬季开始种植油菜，到来年春季，油菜花便成为春天的一道美丽风景。与大多数农作物一样，油菜也喜爱肥沃的土壤，其中疏松肥沃的土质是其最爱，土壤土层深厚、有机质含量高、排水良好、非碱性土壤便具备了种植优秀品质油菜的基础条件了。耐寒与不挑土壤，使得油菜在我国的分布极为广泛，以华北地区为代表的黄淮海平原、以东三省为代表的东北平原以及西南山地，具体集中于河北、河南、山东、安徽、江苏、湖南、湖北、四川等省份。

总的来说，我国油菜种植区分为冬油菜和春油菜两个大区。我国南部和东部为冬油菜区，包括长江中下游地区、四川盆地、云贵高原、华南沿海诸省、陕西省关中平原和渭北高原，其面积约占全国油菜总面积的85%左右，既是我国油菜的主产区，也处在世界

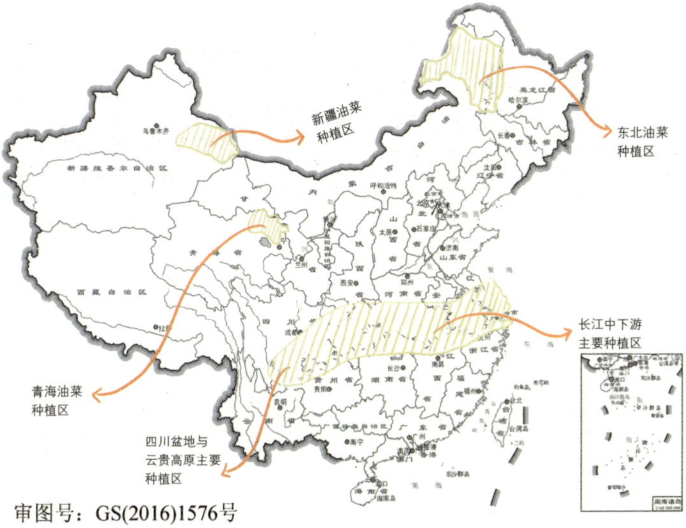

审图号：GS(2016)1576号

油菜在我国的分布示意图

上最大的油菜生产带上，其菜籽总产占世界菜籽总量的25%。而冬油菜的优势生长地被我国划分为三大区，即长江上游优势区、长江中游优势区与长江下游优势区。

长江上游优势区包括四川、重庆、云南、贵州。该区域气候温和潮湿，相对湿度大，云雾和阴雨日多，冬季无严寒，利于秋播油菜生长。加之温、光、水、热条件优越，油菜生长程度较高，面积、产量大约占长江流域的27%。

四川油菜花海

安徽油菜花海

长江中游优势区包括湖北、湖南、江西、安徽、河南等地。该区域气候属亚热带季风气候，光照充足，温度适宜，雨水充沛，适合油菜生长。面积、产量约占长江流域的59%和56%，是长江流域油菜面积最大、分布最集中的产区。

长江下游优势区包括江苏、浙江、上海。该区域气候属于亚热带气候，雨水充沛，日照时间长，光、温、水资源适合油菜生长，但因地处长江下游，土壤含水量长期偏高，易形成渍害，面积、产量分别仅占长江流域的14%和17%。该区域地处长江三角洲，交通

江苏油菜收割场景

便利，港口贸易活跃，加工企业聚集，能发挥油菜最佳生产价值。

我国北部和西部为春油菜区，集中在内蒙古、青海、甘肃及新疆地区，占我国油菜总面积的10%左右。其中，青海春油菜栽培面积约占春油菜区面积的30%，新疆春油菜栽培面积约占10%，内蒙古春油菜栽培面积约占40%，甘肃春油菜栽培面积约占20%。

油菜是我国国产植物油的第一大油源，且油菜生产主要利用冬闲田，具有不与粮食作物争地的优势，是我国重要的油料作物之一。但自2015年油菜收购政

青海油菜花海

策（该政策指以国家粮食储备库为依托，制定油菜的最低收购价格，保护农民利益，保障国家食用油安全）取消以来，我国的油菜籽产量与油菜种植面积明显下降，近年来由于亩产量的提高，我国油菜籽产量有所回升，2020年国内油菜籽产量达到1380万吨。

我国的油菜因南北的地域大致可以划分为南方冬油菜区与北方春油菜区，因受地理环境影响，冬油菜的种植面积和产量约占全国的90%，且主要集中于长江流域。四川、湖南、湖北三省的油菜种植面积合计占全国50%以上，其中四川是我国油菜种植面积

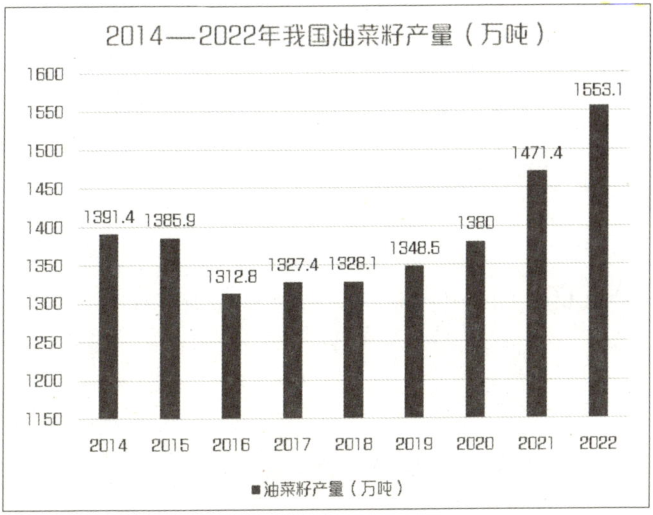

2014—2022 年我国油菜籽产量

和产量最大的省份，2022年四川油菜籽产量占全国的22%。

在我国内陆地区的油菜种植优势区，基本在油菜籽收获后，在当地就开始压榨加工，并且大多以小型企业的地头加工为主，而沿海地区主要以进口油菜籽压榨为主。

我国有几个地方的优质油菜因生长环境和历史人文因素，以地域名称冠名，成为当地的地理标志农产品。

其一是呼伦贝尔油菜，产地呼伦贝尔市，处于东部季风区与西北干旱区的交汇处，是大兴安岭—蒙古高原过渡带。多变的气候条件、复杂的地形条件，兼以额尔古纳河水系对地形纵横切割，为油菜籽优良的品质创造了先天条件。

其二是昭苏油菜，生长于新疆维吾尔自治区伊犁哈萨克自治州昭苏县。昭苏盆地四周环山，海拔高，降水量充沛，气候冷凉湿润，年平均日照时数2699小时，特有的光热资源对油菜等喜凉作物的生长发育极其有利，是全国少有的适合栽培芥菜型、白菜型、甘蓝型三大类型油菜的地区。

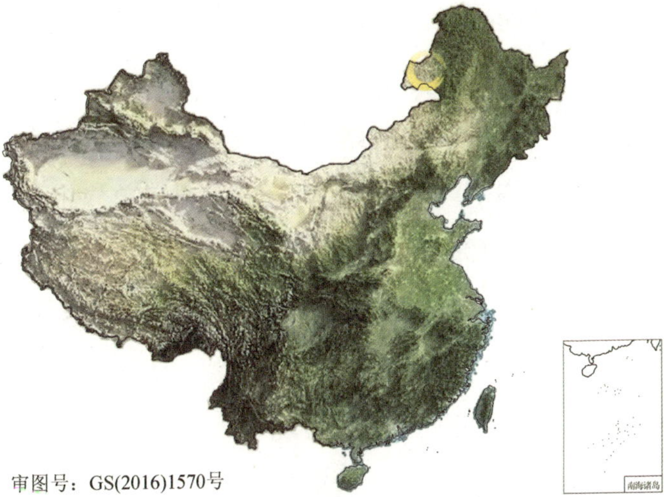

审图号：GS(2016)1570号

呼伦贝尔油菜产地

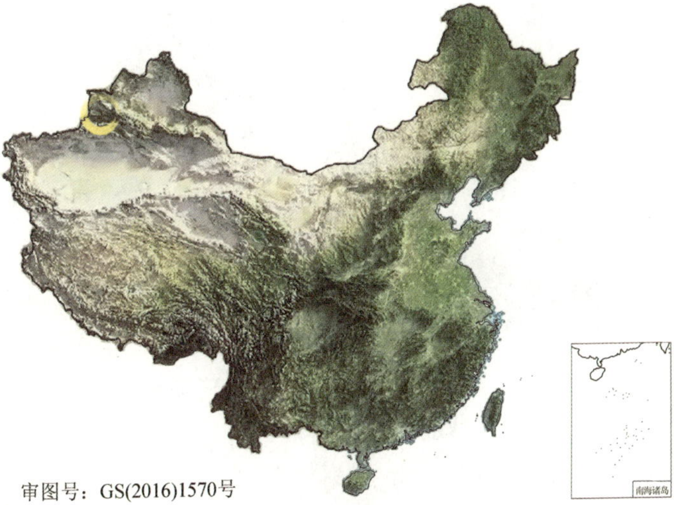

审图号：GS(2016)1570号

昭苏油菜产地

门源小油菜产于青海省海北藏族自治州门源回族自治县。门源的黑土地是小油菜生长的理想地带，该地土壤肥沃，气候冷凉湿润，因此油菜籽品质高且产量高。互助油菜产于青海省海东市互助土族自治县，与门源相邻。互助县地处黄土高原的最西部，青藏高原和黄土高原的过渡地带，具有两大高原的自然特点，气候干燥、日照时间长、昼夜温差大、降雨集中于夏季，是油菜理想的生长环境。

还有一些因为特殊油菜品种的推广而得名的地

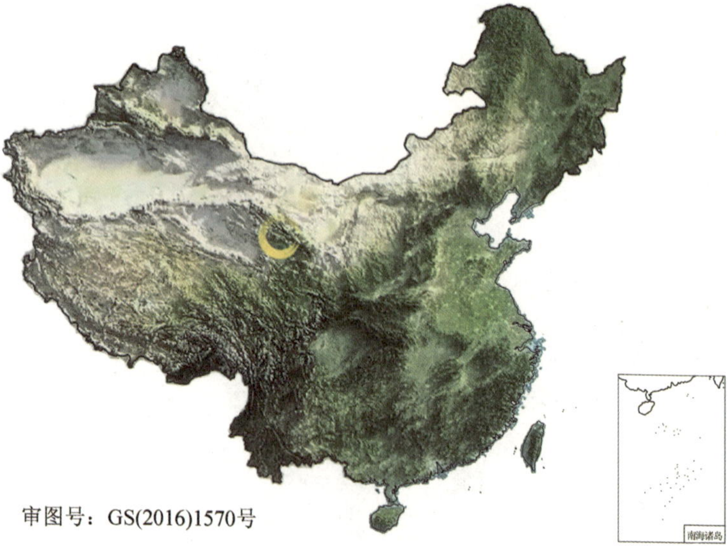

门源油菜产地

区，例如武穴“双低”油菜（湖北省黄冈市武穴市）、澧县“双低”油菜（湖南省常德市澧县）等，因“双低”油菜广泛种植而得名。

20世纪70年代以来，世界油菜生产发展迅速。据联合国粮农组织统计，1971～1980年期间，世界油菜种植面积由1.27亿亩扩大到1.75亿亩，扩大37.8%，油菜籽产量由660万吨增加到1057.4万吨，增加了60.2%。进入20世纪80年代，油菜生产发展更快，从1981年到1990年的十年间，油菜生产面积由1.75亿亩增加到2.61亿亩，比1980年增加了49.1%，油菜籽产量增加到2449.2万吨，比1980年增加了131.6%。1995年种植面积达3.59亿亩，油菜籽产量增加到3431.6万吨。1999年种植面积达到4.13亿亩，油菜籽产量创历史新高，达到4242.2万吨。到了21世纪，随着油菜的育种研究不断深入，生产栽培技术不断改良，油菜籽产量也飞速增加，到2017年发展到顶峰7499万吨，这个发展速度是油料作物发展史上少有的。

其中，发展最快的国家主要有中国、印度、德国及英国。我国的油菜产量与种植面积都居世界前列，但是从单位面积产量来看，欧洲水平最高，基本为我

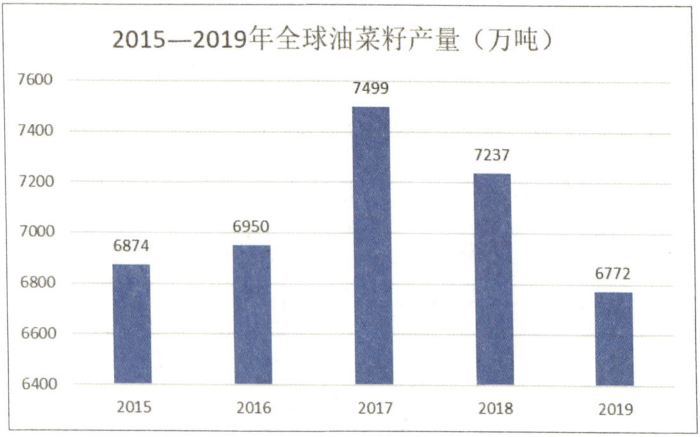

2015—2019 年全球油菜籽产量

国单位面积产量的3倍，主要原因是欧洲土地充足，气候温和，种植的品种大多为甘蓝型冬油菜迟熟品种，该品种生育期较长，因此有更多的时间来孕育种子。中国和印度种植的主要是一年多熟的早中熟品种，加拿大种植的主要是一年一熟的春油菜，生长期不是很长，所以产量均不如欧洲。

三、田间沃土好种植

1. 荚长果满：油菜的育种技术和科技成果

说起种子，你可能会想到春天播撒的希望、埋没地下的隐忍、破土而出的坚毅，抑或是开花结果的喜悦。其实，一粒小小种子的选育过程是十分复杂的，有时甚至远超人们的想象。

我国作为世界上最大的油菜生产国，面积和总产量均居世界第一，而推广和选育油菜优良品种，是保证油菜增产的一项重要措施。我国的油菜之所以高产，归功于杂交育种。最早油菜的育种技术是杂交，杂交也是现在应用最普遍、最成熟的育种方式。杂交育种是指利用

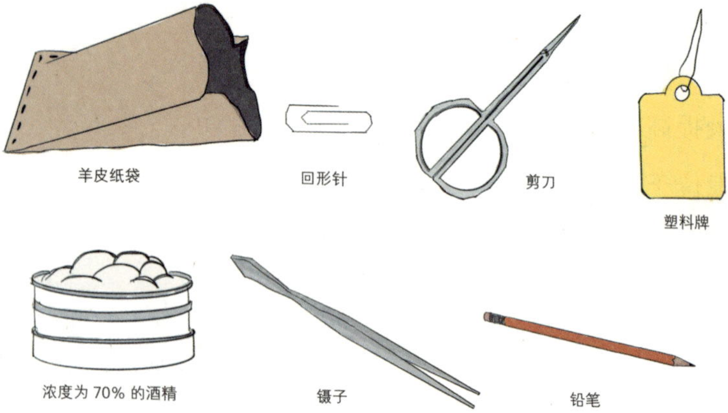

油菜杂交育种所需工具

具有不同基因组成的同种生物个体进行杂交，获得所需要的表现型类型的育种方法。油菜为自花授粉作物，也就是说一株小小的油菜花里同时具有雄蕊与雌蕊。油菜杂交的工序并不复杂，要用到的工具仅仅为羊皮纸袋、回形针、剪刀、塑料牌、浓度为70%的酒精、镊子、铅笔。将油菜花进行“杂交→自交→选优”，便完成了它的育种过程。

农技工作者们给油菜育种时，先将油菜的父本用羊皮纸袋隔离，用回形针固定，挂上塑料牌；油菜母本整株去除雄蕊后，采集父本花药，进行授粉，授粉完成后套袋并挂上塑料牌，等油菜结荚后进行采收贮存。这样便能得到由父本与母本杂交而来的具备优良性状的油菜，再将得到的油菜进行自花授粉，便能大大提高丰产的概率。杂交的优点是能够根据人的需求把位于两个生物体上的优良性状集于一身，但需要研究人员及时发现优良性状，且杂交育种也需要花费大量时间。所以，农技工作者们需要不惧风雨，在田间日复一日地找寻，只要具备抗倒伏、抗病虫害、荚果饱满、出油率高等优良性状的油菜品种，通过不断杂交，最终选育出一系列具备众多优势的油菜种子。

当然，随着科技的不断进步，人类开始使用更多高科技手段来育种，诱变育种便是其中之一。这是利用人工诱变的方式获得生物新品种的育种方法 。人工诱变的媒介是辐射、激光、化学物质等，如太空（辐射、失重）诱发变异，从而得到新品种。我国建立空间站以来，便开启了载人飞船航天育种实验项目，科学家将农作物种子或试管种苗送到太空，利用太空特殊的、地面无法模拟的环境，如高真空、微重力、宇宙高能离子辐射等诱变条件，使种子产生变异，再返回地面选育新种子、新材料。在神舟十二号载人飞船成功遨游太空时，科学家们也将油菜的种子送到飞船

航天育种图像

上，利用太空辐射等使其基因发生改变。诱变育种能提高基因变异频率，加速育种过程。但目前，诱变的方向和性质不能控制，改良性状的效果较差。

其次为单倍体育种。单倍体育种是利用花药离体培养技术获得单倍体植株，再诱导其染色体加倍，从而获得所需要的纯系植株的育种方法。与诱变育种的基因层面不同，单倍体育种是染色体层面的变异。从植物花粉开始，通过离体培养（指无菌操作分离植物体的细胞、组织、器官等外植体，接种到培养基上，在人工控制的条件下进行培养）得到单倍体幼苗，再对幼苗进行秋水仙素或低温处理，最后得到正常的加

组织培养图像

倍纯合单倍体植株。这样便可以对优良性状进行稳定复制，大大节省了育种的时间。

最后要介绍的是多倍体育种。多倍体育种是通过秋水仙素处理萌发的种子或幼苗，致其染色体变异（染色体加倍）。可培育出自然界中没有的新品种，且培育出的植物一般植株粗壮、叶片肥大、花器官大、花色娇艳，因此对于提升油菜观赏价值有较大帮助。比如成都市农林科学院便将油菜进行多倍体育种，从而得到多彩油菜品种。

提及油菜育种，便不得不说到油菜育种的重点工作之一——油菜籽含油量的研究。我国油菜的育种方

多彩油菜花田试验场

向是从白菜型向甘蓝型转变，通过育种的方式来提高油菜籽的含油量，同时也使菜籽油更加健康。

20世纪五六十年代，我国主要的本地油菜品种是白菜型油菜，其含油量不高但生长较为迅速，从海外引进的甘蓝型油菜虽然产油量比白菜型油菜高一倍，但生长周期长，如果想要获得高产且早熟的品种，将两种类型油菜杂交是最有效的方式。但油菜是自花授粉植物，要进行杂交，必须先找到一株只有雌蕊、没有雄蕊的油菜，而这株油菜于1972年被我国作物遗传育种学专家傅廷栋教授发现，此后，杂交油菜领域的

作物遗传育种学专家傅廷栋教授（左）与其导师刘后利教授在田间做研究

相关研究在我国飞速发展。

除了提高油菜籽的含油量外，最早的油菜品种还多为高芥酸、高硫苷的“双高”品种，所产菜籽油的品质较差，长期食用这种油对人体健康不利，因此选育优质的“双低”（低芥酸、低硫苷）杂交品种也是油菜生产中最迫切的一项任务。加拿大于20世纪50年代就开始了“双低”油菜的育种工作，是世界上最早开展“双低”油菜育种的国家，并于1973年育成了第一个“双低”油菜新品种“Tower”。

我国的“双低”油菜育种也在同时期飞速发展，

在农技工作者们的努力下，我国“双低”油菜育种工作不断取得各种突破性进展，目前已选育了一批杂交“双低”或常规“双低”油菜品种（如华杂系列、中双系列、油研系列、湘油系列等），实现了优质、高产、抗逆等基本目标。继杂交水稻之后，我国在杂交油菜的研究和利用方面取得了举世瞩目的成就。目前，我国培育出的油菜优良品种有秦优7号（陕西省杂交油菜培育中心培育的甘蓝型“双低”杂交油菜，适宜在黄淮及长江下游种植）、青油14号、华协1号、互丰010、杂油59号、垦油1号、皖油14号、油研7号、宁杂3号、赣油14号、中双4号、杂选1号、NMY-1、大黄

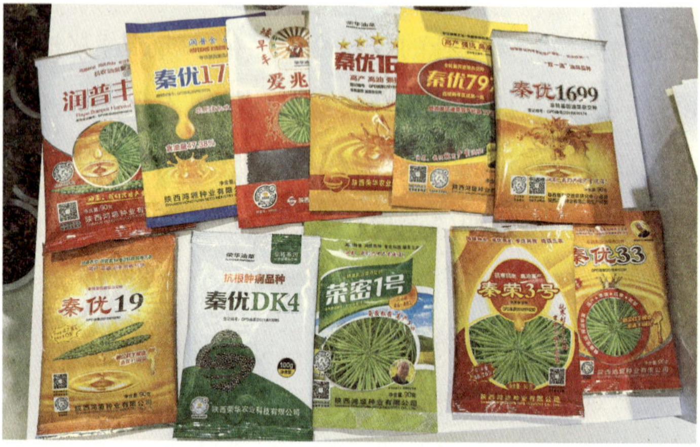

部分油菜优良品种

油菜、丹低油菜、蒙油三号、新油5号等200余种。

2. 菜苗青青：油菜的栽培技术和科技成果

记得儿时的晚秋时节，奶奶就着手准备种油菜。那时候天高云淡，与半个月前热火朝天的晚稻收割相比，此时天气萧瑟，秋意尽显。躺在金色的谷堆里，看看奶奶将稻草、秸秆、荒草放入地头挖好的简易土灶中，将草料点燃，但不烧出明火，仅留一缕烟慢慢将草料烧尽，反复几次，土壤中的虫卵、细菌被消灭，草料留下的营养便成了“护花使者”。

将制作好的草木泥和成一团，与紫红色的油菜种子混合在一起，不久就能从中长出青绿色的秧苗，这便是我记忆中油菜的栽培方式了。一亩田地里，相差不到一个月的两种作物，水稻与油菜，水与火的相互交融，便是我童年最为深刻的记忆。油菜籽钻劲较弱，培育秧苗时如果深埋，则难以萌芽，撒于表面，又容易被风吹跑，这种用火种拥抱后的种子，十分容易破土而出，因此便有了用草木泥包裹油菜种子的栽培方式。

虽说油菜是适应性极强的作物，它可在不同的气

油菜秸秆的处理

草木泥的制作

候带实行春播和秋播，与各种农作物轮作换茬，间作套种，但其实油菜并不好种，想要油菜高产还是要付出大量心血。

首先是土地位置与土壤选择。土壤一定要疏松肥沃，土地相对平整，这些都对油菜产量及质量有直接影响。与其他作物一样，都需要先耕地，铺上肥料，打好油菜栽培的基础。

其次是油菜种子的选择。这与种植地环境及土壤环境有着直接关系，选择适宜的品种对油菜生长发育有着至关重要的影响。

疏松肥沃的土壤

做好了一切准备工作，终于开始了油菜的播种。播种时间可有讲究，先是集中育苗。现代农业利用温度精准的大棚或者温室来进行育苗，避免了风雨不调对油菜种子发芽的影响。就算是在现在的大田育苗中，也仅是将种子先拌入草木灰或细沙中再撒种。育苗时间根据各地气温而定，从9月上中旬一直到来年的三四月，油菜都可以破土，只要温度维持在18℃左右，便能顺利出芽生长。

紧接着便是移栽环节。油菜种子出苗后，当第一片真叶出现时就要开始移栽或者间苗，将栽种的间距拉大，这样它便能更好地生长。

优质的油菜种子

刚出苗的油菜

在油菜的生长过程中，除草施肥工作可谓是重中之重。杂草会在油菜幼苗期间快速长出，在杂草生长初期便需要对其进行清理。通常，油菜在生长期间需要对其进行两次施肥，播种前的施肥与花期的施肥是保证油菜生长发育的重要因素。

在油菜生长期间还要保证充足的水分，土壤湿度要适中。油菜喜水，但又不能受淹，过多的水分对油菜的生长不利，通常适宜的土壤湿度为70%～80%。因此，油菜花的田间管理离不开水肥管理，而油菜水肥管理应用较为广泛的有滴灌与喷灌。滴灌是将具有一定压力的水过滤后经管网和出水管道（滴灌带）或

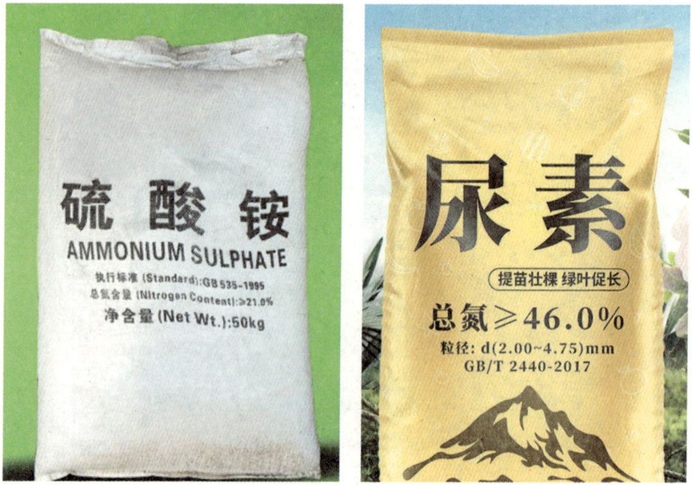

油菜施用的肥料

滴头以水滴的形式缓慢而均匀地滴入植物根部附近土壤的一种灌溉方法。滴灌可以将水直接送到植物的根部，减少了水的蒸发与流失，不仅提高灌溉的效率，还能最大程度地节省水资源。

喷灌则是把由水泵加压或自然落差形成的有压水通过压力管道送到田间，再经喷头喷射到空中，形成细小水滴，均匀地洒落在田间，达到灌溉的目的。喷灌可以使浇灌均匀，少占耕地，节省人力，并且对地形的适应性强。

现代农业中，化学调控也是保证农作物丰产的重

滴灌实景图

喷灌实景图

油菜生长调节剂

要举措，生长调节剂等化学药物的使用，能在一定程度上帮助油菜与不利的环境对抗，也能使它在生长关键期的激素水平更为完美。因此，在油菜苗期、薹期、开花初期都可以喷洒一定的生长调节剂，喷施的时期宜在越冬前，这样能控制油菜过早抽薹，并提高油菜对低温冻害的抵抗能力。

到了收割环节，那便是油菜成功栽培的最后一步了。控制好收割时间是首要的事情，通常是在油菜籽泛黄后便对其进行收割。如果收割时间过早则可能会出现一部分油菜籽处于半成熟状态，影响后期榨油，也不利于存储。如果收割时间过晚，油菜籽过于成熟而脱落，就会造成不必要的损失。通常，油菜籽的成熟度在65%～75%时含油量最高，控制好收割时间，可

油菜的机械收割场景

使油菜贡献出自身最大的经济价值。

我国上下五千年，油菜的栽培技术也在与日俱新，传统依靠农民体力劳动的栽培方式已经变成历史，取而代之的是油菜的机械化栽培，而油菜全程机械化高产高效技术研究在我国也取得了重大突破。

为了紧跟科学技术的步伐，农技工作者们培育出一批适宜机械化种植与收割的油菜品种。适宜机械化收割的油菜品种大多具有生长周期适中、高产、抗倒、抗病、高出油率等优点，例如徽豪油26、陕油28等。

机械化种植需要在播种、移栽初期就精准控制间距与行距。机械化播种的难题不解决，油菜后期的打

徽豪油 26 生长场景

陕油 28 生长场景

油菜籽的人工收割场景

药、除草等工序也难以用机械完成。经过不断地实践与探索，农技工作者们终于研究出集直播、施肥、掩种为一体的油菜播种机，让现今油菜的播种效率较传统人工提高6～7倍。

随着科技发展，我国农技工作者对于油菜栽培也有了许多心得，例如油菜种植密度调控技术、肥料缓慢控释技术、精准除草技术、秸秆（菌核）腐解技术等，这些技术的使用不仅让油菜在生长过程中能得到更好地照顾，而且也让种植工作更加高效。

3. 花间蝶舞：油菜的病虫害防治

漫山遍野的油菜开花时，彩蝶飞舞其间，引来众多的游客前来赏花，但其实这春意盎然的美好景象下又有另一番暗潮涌动。油菜虽然易成活，但其深受病虫害的困扰。油菜常见的病害在我国就有32种之多，其中真菌病害有22种，病毒病害有4种，细菌病害有4种，害虫病害有2种。

油菜遭病虫害会导致油菜减产30%以上，发病严重地区减产可达80%以上，并且还会导致油菜籽出油率降低，所以油菜的病虫害防治显得尤为重要。

油菜病害图

油菜最害怕的病害便是油菜菌核病。发病后，油菜幼苗的茎与叶柄会出现红褐色的斑点，红褐色斑点会慢慢扩大变成黄白色，茎与叶柄开始腐烂，通常茎秆部位最易感染，等病斑绕着油菜茎一圈后，茎秆会折断，油菜便倒地死亡。油菜菌核病是世界性的病害，我国所有油菜产区均有发生，以长江流域最为严重，发病

油菜菌核病实景图

率为10%～80%，产量损失10%～70%。

油菜霜霉病是油菜受到寄生霉菌的感染所引起的一种病害，主要为害叶、茎和角果，致受害处变黄，长有白色霜状物。油菜在开花时容易感染。感染霜霉病后油菜便难以结出果实，因此该病会导致菜籽产量减产5%～43%，含油量降低7.7%～17.0%。

油菜的另一个杀手是油菜病毒病，又名油菜花叶病，这个病害在不同品种油菜身上的表现差异很大。甘蓝型油菜发病初期叶片会产生黄斑，同时叶脉会皱缩或者直接坏死；而白菜型油菜、芥菜型油菜感染

油菜霜霉病实景图

油菜病毒病实景图

后，叶片变成黄绿色，呈现花花绿绿的样子，叶脉变为透明，这便是“花叶病”称呼的由来。油菜病毒病在全国各油菜产区均有发生，一般会造成油菜减产20%～30%，严重地区减产在70%以上。

应对油菜的病虫害，我们的前人早有一套传统有效的方法。在传统防治方法中，减少初浸染源是对土壤比较常见的处理方式，如加强土地轮作，种完油菜之后的土地两年内都不再种相同作物；在选油菜种子的时候尽量选择没有发生过病害的植株作为种源，这样后代的抗病能力就一次次被筛选出来。在油菜播种

油菜开沟排渍实景图

时，农民还会用淡盐水泡种，这样能快速筛除漂浮在水面的病种，也能去除种子里夹杂的病菌。种植期间，一旦发现田地里的油菜有生病迹象，便要尽快救治，例如去田间开沟排渍，摘除黄老的病叶等。

从油菜的幼苗期开始，农民们便深耕翻土、适期播种、合理密植，并加强肥料的施用，注意在雨后及时排渍除湿等，只有这样才能有效避免病害的发生，让油菜在健康的环境中结出饱满的果实。

现今，结合了传统技术与现代手段，油菜病害的防治技术已经有了多种方式，但基本是将传统手段与现代药剂相结合，针对不同的病害使用不同的药剂或者药剂浓度，最大限度地消灭病害且保证油菜不受到伤害。

虫害对油菜的影响也不容忽视。记得小时候，家里人移栽油菜幼苗后，首先就要防治虫害，除了背着药箱打药外，最常见的莫过于去田里捉虫。油菜蚜虫是油菜种植过程中较常见的害虫。

油菜蚜虫以刺吸口器吸取油菜体内汁液，危害叶、茎、花、果，造成卷叶、死苗，植株的花序、角果萎缩或全株枯死。大量的虫害会造成油菜生长畸形，不利于油菜的正常开花和结果。此外，害虫的频繁活动还会加速各种病毒的传播，进一步加重油菜的受灾程度，最终导致油菜减产。

关于油菜虫害的防治，除了必要的田间管理外，化学药品的使用也是必不可少的。在喷洒农药时，要准确判断虫害的实际情况，做到对症下药，避免盲目喷洒；其次应该严格依照农药说明书的剂量配置药液。虽然大部分化学药物都写着使用要有针对性，但现在农民用药还是以预防为主，因此，有些地区的农民还做不到精准施药，存在滥用药物的情况。

除了当虫害发生时用化学药物处理，也可以播种

油菜种子拌种前后对比图

前对种子进行处理，挑选抗病与抗虫的品种，用合理的化学药剂给种子穿上一层“防护衣”，让种子在苗期就有抵御虫害侵扰的能力。

此外，还有一些农民常用的特殊办法，例如在油菜播种时，我们通常会看到田里有用银灰色、乳白色或者黑色地膜覆盖地面的情况，这样做不仅能保证农作物不被低温冻死，还能保证土壤水分与养分不流失，更重要的是还有驱蚜防病的作用。

还有一些生物防治技术，例如饲养、释放用来吃蚜虫的蜜蜂、瓢虫、食蚜蝇等生物，喷洒一些抑制病害的有益真菌等都可以减少虫害。

油菜虫害的防治也要看准时机，在重要的节点使用适当的技术才会让油菜顺利生长。第一是苗期，苗

铺上地膜的农业用地

期的油菜十分娇弱，努力看护好便是一个好的开端；第二个时期是油菜的现蕾初期，开花时意味着油菜已经开始孕育果实，当然马虎不得；第三个时期是油菜的结荚时期，油菜即将成熟，更应该预防病虫害的发生，才能保证丰收。

随着我国人民生活水平的提高，消费安全无公害的有机蔬菜，日渐成为人们的追求。因此，对种植作物的环保要求也逐渐提高，油料作物也越来越多地考虑其健康性。油菜不仅能榨油，还是可食用蔬菜，其有机种植就成为人们日益关注的重点。

种植有机油菜要保证使用的肥料无污染、无公害，例如：动物粪便发酵后制成的肥料便是最好的有机种植肥料，同时肥料施用必须符合油菜生长发育及需肥规律，肥料种类应合理配置，各阶段用肥数量及用肥时间也应合理掌握。应对病虫害时，有机生产一般采用物理防治技术、生物防治、农业防治等方式保护油菜生长期内不受到病虫侵害。

物理防治技术是使用防虫网或是覆盖银色反光薄膜对害虫进行防治；生物防治是以生物链为基础，理清害虫的天敌有哪些，通过引进害虫天敌对害虫进行防治；而农业防治是指在选种期间，选择适合种植地环境和土壤的油菜优质品种，并做好种植前准备工作。比如，及时清理田中杂草，在油菜花开放期间清理病叶以及老叶，保证油菜各株之间的通光率，以减少病害的发生。

随着油菜高产品种的不断改良，我国的农业种植也从滥用肥料与杀虫剂以取得作物高产迈向了更加科学与健康的有机种植，这不仅能让我们收获健康的食物，也能实现对环境的保护。有机农业既生产粮食，又助力生态平衡，让我国的传统农业所具有的低能耗、低污染的特征，在当今时代依然发挥重要作用。

四、科学耕耘领新潮

1. 春耕夏耘：油菜的机械化生产和科技成果

印象中，传统农业总是依靠农民大量的劳动、辛勤的汗水才能换取收获的果实，以往的农忙时节总是能看到男女老少在地里热火朝天地工作，过去一到农忙时，在外的游子都要赶回家帮忙耕地、播种、收割、晒种等。随着科技不断地进步，农业生产模式也出现了翻天覆地的变化，我们开始使用机械来种植作物，需要大量劳动力的农业行业开始走向现代化的道路，而油菜又是如何步入机械化进程的呢?

早在20世纪70年代，我国农技专家便开始对机械化种植油菜领域进行探索，而长江中下游平原地区因其经济较为发达，故是机械化研究的极佳地域。那时，水稻的机械化种植技术已较为成熟，同为在大田中生长的作物，水稻可以机械化播种，油菜为何不可？因此，江苏、浙江等地的农技工作者们将水稻播种机械进行改良，从而得到了油菜的播种机械。到20世纪80年代，东北的农技工作者们也开始参照小麦与大豆的机械进行油菜栽培机械的研发，经过一步步的改良，油菜的机械化栽培也得到完整的应用。现今，油菜播种机械已经迭代到了旋耕播种机，利用旋耕播种机可以将油菜籽按照一定的播量、行距直接播到大田里。目前多采用8～15马力拖拉机配套油菜直播机进行免（少）耕播种。开过沟的田地里，旋耕播种机一次性完成旋耕碎土、播种、施肥等工序，极大地节省了油菜播种的人力和物力。

到了21世纪，油菜的机械化播种技术已经逐步走向成熟，集合耕地、开沟、播种等一体化作业的大型农业机械开始出现，科学家们又把目光看向了油菜的移栽，毕竟那可是一项费时费力的大工程。其实，早在20世纪60年代，农技工作者们就开始了移栽机械的

油菜机械化播种

油菜机械化移栽

开发研究，但是油菜的移栽更为精细化，受制于当时的科学技术水平较低，研发出的机械一直未能达到耕种的需求，直到现在我们才成功将油菜的移栽用机械化代替。

油菜的种植环节中，最艰难的还得是油菜籽的收获。“足蒸暑土气，背灼炎天光”。自古以来，农作物的收获都伴随着暑热，油菜也不例外。5月，南方的天气开始炎热，冬油菜已经收起了花朵，结出了喜人的菜籽，这预示着农忙时节开始了。与油菜的播种技术一样，我们在油菜的收割机械化上可是下足了功夫。20世纪60年代，农技专家对稻、麦的收割机进行改良，但是制造出的机械都存在收割过程中油菜籽的损失过大的问题，直至21世纪，油菜收割机械的收割损失率才开始降低，油菜联合收割机的出现，才最终实现了机械化收割的损失率小于人工收割。

随着栽培技术不断提升，油菜这类大田作物施肥也开始使用机械施肥。施肥机由机械动力带动旋转的撒肥盘将化肥撒出，能让农民高效地将肥料撒到大田里。现今，油菜施肥已发展到水肥一体化的技术，根据油菜的需水需肥规律和土壤水分、养分状况，将可溶性固体肥

油菜收割机

油菜收割机收割油菜的场景

油菜的水肥一体化管道

料或液体肥料配兑而成的肥液与灌溉水一起，适时、适量、准确地输送到作物根部土壤供作物吸收。

不管是播种、移栽、收割，还是施肥打药，油菜的种植越来越离不开机械化，而油菜机械化的优点也十分突出——节省劳动力，一台收割机一天可收获约45亩油菜，相当于100名农民辛勤劳作一天。油菜的机械化收割可以降低油菜籽在收割过程中的损失率，人工收割损失率在10%左右，机收则在5%以下。油菜由于其特殊的生长条件与特性，在我国的分布范围极广，从一望无际的平原、绵延起伏的丘陵到冷凉荒芜的高原都能见到油菜的身影。而生长地域的多样化，导致油菜的机械化生产也形式多样。

平原地带早在2003年就初步实现油菜播种的机械化，如油菜点播机、旋耕机、施肥机等，逐渐满足油菜单粒播种、肥药施用、通用收割、油菜脱粒、秸秆粉碎等一系列油菜生产的需求。而在丘陵地带，油菜生长在层层梯田上，种植田地存在田块面积小、地势起伏大等特点，适宜平原的机械难以作业，即便有一些小型机械存在，效率也难以保证。但近几年，政府与科研机构联合开发的小型联合收割机、密植播种机等也在丘陵地带取得了不俗的成绩，同时随着农业装

智慧油菜种植模型

无人机飞播

备的进一步升级，轻简化直播（无人机飞播、机械半旋条播）在南方丘陵地带开始出现，极大地节省了人力。

随着农业机械化的发展进程不断加快，我国农业基本实现了机械化的生产方式，大家开始有了新的美好愿景：一望无际的田野上盘旋的是无人机，它们在中控网络的引导下，在给田地里的油菜施肥打药，水肥管道会根据温度、降雨情况不断调整喷洒的时间，农民们在田边用手机或平板巡查自己油菜的长势，到了收获时，中控系统根据每块田地成熟情况，指挥停在农机库里的智慧农机出发进行收割，整个乡村来往忙碌的全是机械！

2. 千村欣卜：油菜的加工、储藏与运输

油菜是我国主要的油料作物和蜜源作物之一，5月是长江中下游地区油菜成熟之际，经历了收割、清理晾晒的油菜籽是农民丰收的象征，而油菜的加工也是一个精细的过程。

古法榨油，又称土法榨油，是一种历史悠久的传统制油技艺，凝聚着中国劳动人民的辛勤与智慧，被誉为“来自远古文明的活化石”。春秋时《诗经·国风》和西汉《礼记·内则》中记载的“膏”指的就是油脂，也就是说，从西周时期起，已经有了原始油脂制取的方法，中国制油业的种子从此就萌发了。

北宋时期苏颂著《本草图经》已经将油菜列入油

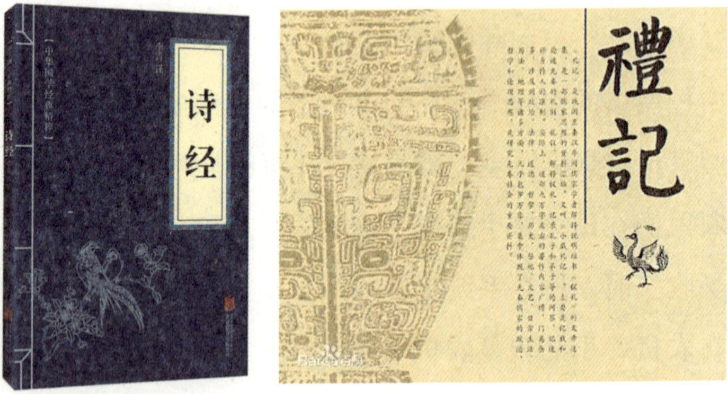

古代记载油脂的文献

料作物，说它“油叶出油胜诸子，油入蔬清香，造烛甚明，点灯光亮，涂发黑润，饼饲猪亦肥，上田壅苗堪茂”。这说明人类对油菜的利用“供作蔬茹”逐步发展到“采薹而食”直至“亦得取子”榨油，是人类认识和利用自然的过程，并使油菜植株性状朝向人类需要的方向改变。

古法榨油实际是最原始的榨油技术，元代王祯所著的《王祯农书》一书中就记录了相关榨油技术。该书《油榨》一章详细记录了油榨车的结构和使用方法：“油榨，取油具也。用坚大四木，各围可五尺，长可丈余，叠作卧枋于地，其上作槽，其下用厚板嵌作底槃，槃上圆凿小沟，下通槽口，以备注油于器。

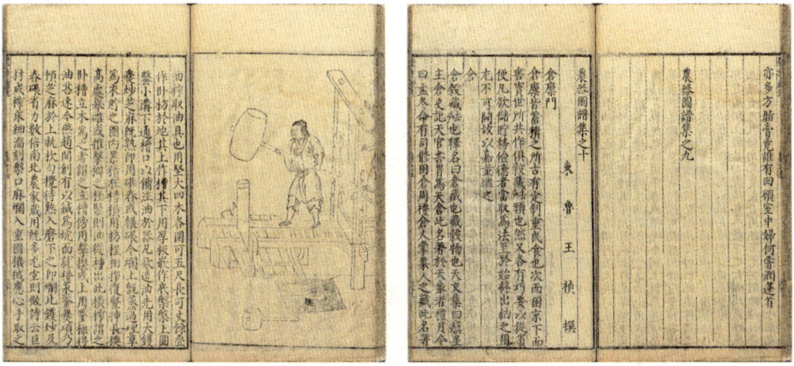

《王祯农书》 明嘉靖九年（1530 年）山东布政司刊本

油菜籽榨油全过程

凡欲造油，先用大镬炒芝麻，既熟，即用碓舂或辗碾令烂，上甑蒸过，理草为衣，贮之圈内，累积在槽；横用枋桯相楔，复竖插长楔，高处举碓或椎击，擗之极紧，则油从槽出。此横榨，谓之卧槽。立木为之者，谓之立槽，旁用击楔或上用压梁，得油甚速。”明代科学家宋应星著《天工开物》中，详细总结古代用油菜籽榨油的经验和方法：“则取诸麻菜子入釜，文火慢炒，透出香气，然后碾碎受蒸。”炒菜籽“宜铸平底锅，深止六寸者，投子仁于内，翻拌最勤”。然而，怎样才能提高菜籽的出油率呢？书中也给出办法：“既碾而筛，择粗者再碾，细者则入釜甑受蒸；蒸气腾足，取出以稻秸与麦秸包

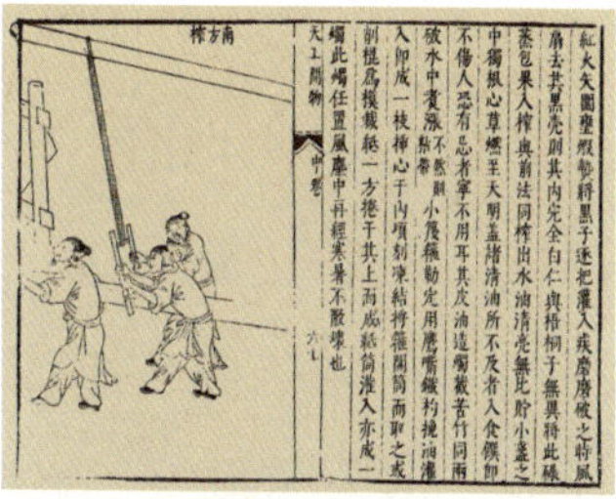

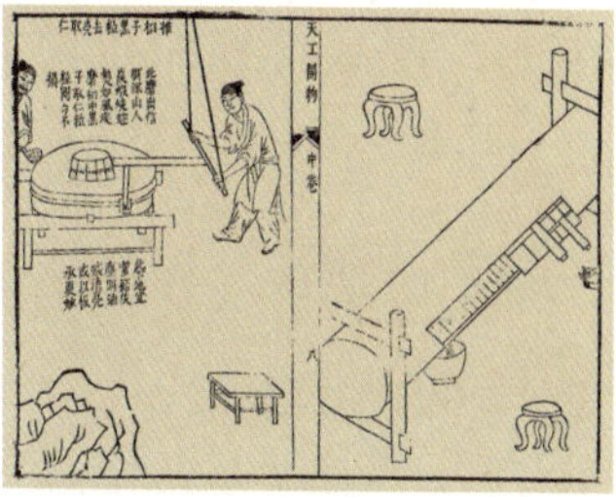

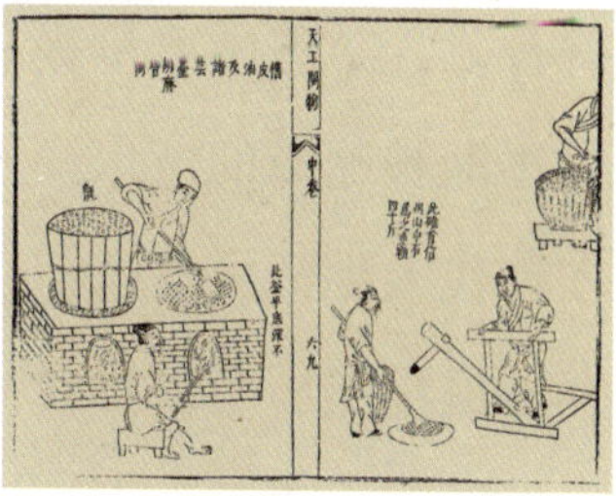

《天工开物》 明崇祯十年（1637 年）自刻本

裹如饼形。其饼外圈箍，或用铁打成，或破篾绞刺而成，与榨中则寸相稳合。凡油原因气取，有生于无。出甑之时，包裹怠缓，则水火郁蒸之气游走，为此损油。能者疾倾疾裹而疾箍之，得油之多，诀由于此。”书中还指出，菜籽油饼粕“皆重新碾碎，筛去秸芒，再蒸再裹而再榨之。初次得油二分，二次得油一分”。在当时，一般每100千克菜籽可榨油30千克。“耨勤而地沃，榨法精到者，仍得四十斤”。以上便是古书中记载的古法榨油技艺。在漫长的历史沉淀中，古法木榨菜籽油技艺世代相传。随着机械化生产的普及，菜籽油产量提高了，依照古法木榨菜籽油技艺逐渐被冰冷的流水线所替代，正宗古法木榨菜籽油在现代人生活中渐行渐远，被人们所忽视、遗忘，落寞地退出了历史的舞台。所幸，古法木榨菜籽油技艺仍然还有一小批矢志不渝的人们在坚守和传承，让我们能有机会领略这古法榨油的独特魅力。

如今，随着时间的流逝，古法榨油工具也消失在时间的长河里，现今保存榨油工具最完好的博物馆之一便是中国油脂博物馆，该馆的众多藏品仍然向大众展示着中国油脂文化之脉络。其中展出的储油器具有

酱釉长嘴小油壶

酱釉陶壶

褐釉大油壶

龙兽象鼻六系壶

连体陶罐

鸟型执壶

褐釉兰花纹陶罐

圆底横纹陶罐

长嘴油壶、鸟型执壶、油罐、油缸等，材质也是多种多样。

古法榨油虽然不是现在主流的榨油方式，但是传统生产方式仍然保留，有些年纪大的人认为，用古法榨油方法制出的油有着机器代替不了的特殊香味。因此，在乡野田间，仍错落着一些旧式榨油作坊，他们采用了传统的榨油方式，没有机器的轰鸣声，只有工人用石槌冲击木楔的声音，古老的传承如金色清油在木缝中流淌，弥漫在那丝丝油香之中。

古法榨油的具体步骤并不简单。首先将油菜籽用清水冲洗干净，去除杂质，放入灶台大锅中翻炒，菜籽是否炒好要用木板抡菜籽看颜色来判断。炒干的菜籽放到石碾槽，用水车带动石碾将油菜籽碾碎，油菜

研磨后的油菜籽

蒸油菜籽

籽磨得越碎出油率就越高。磨碎的油菜籽放入木甑中蒸。蒸好的油菜籽放入干净的稻草中铺好，包成油坨，用铁环固定住，放入油槽中压榨。油槽中装上两层木枋和竖直的木楔就可以开始榨油了。用重物锤打木楔，通过物理施压的方式使菜籽饼受到挤压，一缕缕清油就从油槽中间的小口流出。榨油既是体力活，又是技术活，将沉重的撞杆稳、准、狠地撞击到木楔上，需几人同心协力，步调一致。榨槽中有油槽，油槽有坡度，便于油从槽中流出。榨油时，整个油坊的空气中弥漫浓浓的油香。油饼在榨尽不出油后，即可出榨。将榨出的菜籽油倒入大缸中密封保存，整个榨油流程就算完成了。

古法榨油虽然凝聚着前人的智慧，但是仍存在着

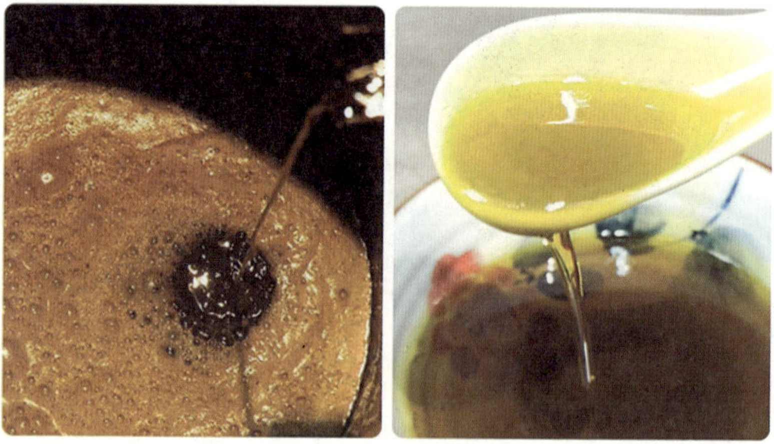

榨好的菜籽油

操作繁琐、不够卫生、不够精细的缺点，随着现代机械设备在农产品加工中的应用，机械榨油加工效率高、安全卫生、营养均衡等优点便日益彰显。

机械榨油首先要对菜籽进行筛分。菜籽在收获或者晾晒的过程中，可能会掺入沙石、泥土、油菜茎叶等杂质，这些杂质如果不经过处理，不但会造成饼粕的质量欠佳，还会导致油品的纯度降低。此外，如果原料中含有沙石也会对榨油设备造成损害。因此，为了保证生产顺利进行，在入榨之前必须进行除杂清理。

其次，清理干净的菜籽要接受热处理。热处理是

机械为油菜籽除杂

提高菜籽出油率的有效方法之一，也是油脂生产中的一道重要工序。所谓的热处理，即对油料进行加热，也被称为蒸胚或者炒胚。生的菜籽经过热处理后送入榨油设备压榨叫作“热榨”，能够提高菜籽出油率。经过热处理后的菜籽会变成焦黄色，散发独特的香味，抓起几粒菜籽放在纸上，用指甲把菜籽压碎，可以看到纸上有明显的油渍，这样菜籽就可以进入机器榨油了。

在压榨的过程中榨油机器里的榨螺要呈锯齿形的曲线和锥面，这样有利于菜籽分子能够被充分破坏掉，达到最大限度的出油。500克油菜籽大约能榨出

为油菜籽热处理

150克～200克油，在各大油料作物出油率的排行中，油菜籽居于前列。

菜籽榨油需要反复压榨。榨油机料斗破碎油菜籽后，用带凹槽的主轴滚筒带动油菜籽转动，由于出渣口和出油口另一端较小，油菜籽会被榨出油，油渣会从尾部排出，此时油渣中还有一定比例的油，所以需要将油渣再次放入机器中二次压榨。

刚榨好的菜籽油比较混浊，有油渣，经多层过滤后，菜籽油澄清透明，无杂质。经检验合格后，可以装瓶、包装，入库销售。菜籽油中的芥酸一直被认为对人体有害，因此，现代机器榨油技术采用低温精滤技术，将菜籽脱皮后榨油，减少皮层中大量的色素、芥酸等杂质进入油中，从而得到相对低芥酸的菜籽油。

榨油机械

与其他油类不同，菜籽油的保存重点之一是避光。菜籽油在光照下能活化油中的氧和感光物质，加速氧化酸败。在紫外线的作用下，会形成臭氧化合物，产生难闻的气味和味道。且菜籽油中油脂还易与塑料成分发生反应，因此，若要长期保存菜籽油，应尽量放置在低温、避光的玻璃容器中。我国还针对菜籽油的储存、运输制定了相关标准，标准规定菜籽油应储存于阴凉干燥及避光处，不得与有害、有毒物品一同存放，运输中也要防止日晒雨淋、渗漏污染、标签脱落、散装运输等一系列问题。

储存在玻璃瓶中的菜籽油

五、黄金灿灿资民用

1. 玉露凝香：油菜的经济价值

在南方的农忙时节，总流传着这样一句话："种油菜，'钱'景好。"油菜的经济价值可见一斑。油菜的最大经济价值便是榨油了，作为中国南方普遍使用的食用油，菜籽油又称油菜籽油、香菜油。油料的价值十分稳定，现今市场上菜籽油还保持大约15元/升的价格，属于物美价廉的优质油料。菜籽油色泽金黄或棕黄，有一定的刺激气味，富含维生素E、胡萝卜素、饱和及不饱和脂肪酸、磷脂等。同时人体对菜籽油的吸收率很高，可达99%。因此，它所含的亚油酸等不饱和脂肪酸和维生素E等营养成分能很好地被人体吸收，长期食用菜籽油具有一定的软化血管、延缓衰老的功效。由于榨油的原料是植物的种实，所以油中也会含有种子磷脂，这对血管、神经、大脑的发育十分有益。

除了产油食用外，油菜籽的“糟粕”也具有十分高的经济价值。自1995年以来，我国年产菜籽保持在

常见菜籽油品牌

油菜籽的营养价值

近1000万吨，同时还产生约600万吨的菜籽饼粕，居世界首位。粕蛋白质含量高达40%，菜籽蛋白质的氨基酸组成合理，其赖氨酸含量与大豆相当，而赖氨酸、蛋氨酸等含硫氨基酸的含量则高于大豆蛋白质，是中国有待开发利用的大宗优质饲用蛋白源。将残渣搭配大米、小麦等压实做成菜籽饼，便是打窝钓鱼的主要诱饵，用菜籽饼打窝，菜香能增强诱鱼效果，醇香越高的菜籽饼效果越好。作为鸟类饲料时，直接采用新鲜的油菜籽当作天然谷物粮食，满足鸟类的多种营养需求。同时，菜籽饼还能作为牛、羊、猪等动物的优质饲料，随着我国“双低”优质油菜培育和推广工作的迅速开展，同时与饲料工业降低成本的要求相

菜籽饼

适应，菜籽饼粕特别是“双低”菜籽饼粕的利用也日益受到重视。作为饲料，菜籽饼需要粉碎后，添加一些玉米粉、麦麸等能量饲料共同发酵；将发酵剂加水拌匀后随即装入缸、筒、池、塑料袋等密封的容器中，在自然气温下密封发酵2～3天，等有酒香气或泥土味时表明发酵完成，这样的饲料对渔业养殖来说是既有营养又价格低廉的优质饲料。

前文中提到，油菜的品种中，根据其驯化方向不同，有些油菜还能作为蔬菜与调味品。把油菜作为蔬菜，这应当勾起了许多长江流域人们的童年记忆。当油菜花刚开花时，家里总会用油菜的花朵与茎叶来做一道美食——清炒油菜。选用春天刚抽出来的油菜嫩茎和叶子，用上一勺猪油入锅翻炒，激出的香味，便能勾起那些不爱蔬菜的孩子们的食欲。

凉拌油菜花也是一道特色菜。先把花和茎叶浸泡

清炒油菜嫩叶

30分钟左右，然后加食用油焯水过一遍再放佐料凉拌即可。而油菜花除清炒、凉拌外，还可以粉蒸油菜花或是晒干制成为榨菜，除了农民自己尝鲜外，许多地方的油菜美食已形成一条产业链，给农民带来额外的经济收入。

油菜作为调味品，要从黄芥末说起。黄芥末源自我国，它是由油菜中芥菜的种子研磨而成，呈黄色，味微苦，是常见的辛辣调料。除调味外，民间还用黄芥末内服治疗呕吐、脐下绞痛，外敷治疗关节炎等。作为中药的芥子，味辛，性温，入肺经，具有温肺豁痰、利气散结、通络止痛之功效。可用于治疗寒痰喘咳，胸胁胀痛，痰滞经络，关节麻木、疼痛，痰湿流注，阴疽肿毒等病症。

黄芥末调味料

孙思邈的《备急千金要方》中记述：贞观七年（633年）三月，于内江县饮多，至夜睡中觉四（身）体骨肉疼痛，至晓头痛目眩，额左角上如弹丸大肿痛，不得手近……几至殒毙。此时大夫想到本草有芸薹治风游丹肿的记载，遂取叶捣敷，随手即消，其验如神。李时珍的《本草纲目》中提到菜油敷头"令发长黑。行滞血，破冷气，消肿散结。治产难，产后心腹诸疾，赤丹热肿，金疮血痔"。中医理论认为，菜油味甘、辛，性温，可润燥杀虫、散火丹、消肿毒等。油菜的医用价值可见一斑。

"东风吹暖菜花黄，蝶舞蜂飞吮蕊香"。蜂蝶在金色花田中忙碌的景象，是每一个去过油菜花田的人都难以忘怀的一幕，因此，利用油菜花养殖蜜蜂成为了油菜的另一项“甜蜜事业”。这不仅可以有蜂蜜产出，在蜜蜂采蜜时也可以给油菜花传播花粉，增加油菜花种子的产量。油菜花蜜是我国的大宗、稳产的蜜种，占全年蜂蜜总产量40%以上。油菜花蜜的用途有很多，中医解释其可以清热润燥，舒张血管，特别适合春季服用，可缓解干燥之状。油菜花蜜还可用来制作日化品。

很少有人知道油菜还是做绿肥的极佳原料。油菜秸秆中含有丰富的氮、磷、钾等元素及一些中微量元素，就地还田有利于培肥土壤，减少后茬水稻化肥用量，提高稻米的产量和品质。据了解，秸秆还田是发达国家用来培肥地力的重要途径，美国和加拿大秸秆还田量占秸秆总产量的2/3以上，欧盟各国大部分麦秸和玉米秸秆都用于还田，日本近70%的秸秆直接还田。因此，现代农业中，将油菜秸秆通过机械粉碎后适量还田已是共识。

初春时节，长江流域的油菜花迎来了盛花期。微风吹过，金浪涌动，花香袭人，如此时节，提及油菜花的联想便是巨大的旅游价值。经过数代油菜花专家的改良与培育，培育出青白色、红色、紫色、粉黄、米黄等45种花色的油菜花，金色的花海已经演变成多彩的花田，吸引来大量猎奇的游客，当农业种植与旅游业相碰撞之时，油菜花的经济价值便达到了前所未有的高度。

五彩的油菜花

五彩的油菜花

油菜在食品工业中还可被用于制作人造奶油、人造蛋白。同时，它还在冶金、机械、橡胶、化工、油漆、纺织、制皂、造纸、皮革、医药等方面有着广泛的用途，具有重要的经济价值。其中，油菜通过一系列提纯后，提取的环氧菜籽油酸丁酯增塑剂是塑料加工中不可缺少的助剂；从菜油中提取的脂肪醇是表面活性剂的重要原料之一，可用于制作洗涤剂、清洁剂，也可用作农药的乳化剂等。

2. 菜花金黄：油菜与文化、旅游

距今8200年的中国甘肃秦安大地湾一期遗址F374号房基西南角下面，出土了已碳化的油菜籽。从中国陕西西安半坡遗址中发现的油菜籽或白菜籽遗存，距今有6000～7000年了。油菜在中华文化发展的长河之中一直陪伴着我们。

我们关于油菜的探讨，便是一部丰富多彩的油菜史。从油菜起源之地的争议，到种植范围的改变，再到油菜功效作用的演化等，油菜都在我国文化的发展史中留下浓墨重彩的一笔。

中国古代有着很多歌颂或者描述油菜的脍炙人口的诗文。唐代大诗人杨万里曾在《宿新市徐公店》中写道："篱落疏疏一径深，树头花落未成阴。儿童急走追黄蝶，飞入菜花无处寻。"一幅春日乡间画卷从诗意中跃然眼前。

唐代浪漫主义大家刘禹锡在《再游玄都观》中写道："百亩庭中半是苔，桃花净尽菜花开。种桃道士归何处，前度刘郎今又来。"

宋代范成大的《四时田园杂兴》中写道："梅子金黄杏子肥，麦花雪白菜花稀。日长篱落无人过，惟有蜻蜓蛱蝶飞。”油菜的文化底色永远是舒适、慵懒的田间美景。

除了诗文被广为流传，还有很多关于推广油菜种植技术的文章，如前文中提到的《天工开物》《王祯农书》中就有关于油菜的记载。这些文章都共同构成了中国古代悠久的油菜文化，直至今日，古时的油菜文化依旧在中国的历史文化中熠熠生辉。

油菜不仅凭借着它的美流连在中国古代文人墨客的笔下，而且它对文化的传播与发展也作出了贡献。

油灯下读书

油菜籽不仅可以用来制作食用油，而且可以用来做燃料。在古代，没有电灯等照明设施，古人便使用菜籽油作燃料的油灯来帮助他们在夜里读书学习，在油灯的助力下，古代文人骚客们挑灯夜读，奋笔疾书，完成了一篇又一篇千古流传的巨著鸿篇。

油菜不仅在收获时节给人们带来丰收的喜悦，而且在油菜的生长过程中也充满浪漫的情怀。当传统种植业邂逅乡村旅游，漫山遍野的油菜花便成了资源优势，全新的业态由此孕育——“花经济”，这不止让油菜花开出了新花样，也是带动地方经济的关键。金色花海让闲置土地开出致富花，翠绿群山间，一抹金黄格外显眼，油菜花田、江河、群山交相辉映，形成了一幅色彩斑斓的美丽乡村画卷。油菜花盛开的时节，漫山的花海总会吸引络绎不绝的赏花人。随着“油菜花旅游”的盛行，游人便评选出全国的五大油菜花田旅游胜地。

其中最负盛名的是罗平油菜花海。罗平花海位于云南省曲靖市罗平县，被世界吉尼斯总部授予“世界最大的自然天成花园”的称号，这一美丽而蔚为壮观的景观随着一年一度的云南罗平油菜花旅游节在初春

罗平油菜花海

时节拉开帷幕。罗平的金鸡峰丛景区、牛街螺丝田、十万大山、九龙瀑布、马街村等景区都是最佳观赏地点。金灿灿的油菜花在灿烂的阳光下与山峦相映成趣，构成了一幅幅美丽壮观的大地春歌图。

美丽的油菜花田也出现在我国大西北，例如门源百里油菜花海。此处位于青海省门源回族自治县，为祁连山与大坂山之间的盆地，其油菜花种植面积达万余亩，是国内欣赏油菜花最美的景点之一，先后获

门源百里油菜花海

“中国最美油菜花海”“中国最美草原”“全球十大最美花海”等美誉。相比其他地区的油菜花，门源油菜花开放时间比较晚，7月初才开始进入盛花期，期间整个油菜花田犹如金黄色的大海，一眼望不到头，浓艳的黄色与青海湖湖岩紧密相连，在高原的蓝天白云和雪山的映衬下，显得格外波澜壮阔。

说起花海，当然少不了江南水乡了。兴化千垛景区位于江苏省泰州市兴化市东旺村，景区利用四面环

兴化千垛油菜花海

水的垛田种植油菜花，每年清明时节，垛田上开满了金黄色的油菜花，金色倒映在澄澈的水面，壮阔的美景引来无数游客驻足。花海星罗棋布的点缀在辽阔的水面上，这是有别于山区与平原的特别风景。

还有大名鼎鼎的江西婺源油菜花海。都说婺源最美的季节是油菜花开放的时候，走进婺源江岭和篁岭，只见粉红的桃花、洁白的梨花、层层金黄的梯田油菜花与白墙黛瓦的民居相辉映，构成一幅幅唯美的

江西婺源油菜花海

天然画卷。江西婺源篁岭被誉为“全球十大最美梯田”之一，村村是画，步步皆景，山水间缥缈着的朦胧雾气，古意盎然的民居、石径、廊桥，青山绿水环绕其间，全然剔透着水墨丹青的韵味。

说起美景，西南山地地区也毫不逊色。潼南油菜花景区位于重庆市潼南区崇龛镇。镇中的青岗村将油菜作为主要背景、小麦为配景，种植直径达236米的油菜花太极图案；在崇龛镇长寿村种植了长120米、宽

潼南油菜花

80米的油菜花帆船图案；在白沙村主会场周边种植长160米、宽60米的油菜浪花艺术图案。花田中黄色、紫色等错落搭配，蔚为壮观，美不胜收，形成了花的艺术、花的海洋。潼南油菜花景区也被评为“中国最美的油菜花海”之一。

除了秀丽的自然风光，各地还纷纷以花为媒，花样百出留住“花客”。山区已经不满足于层叠的花景，村民以梯田作画布、用油菜花当画笔，年年种植创意油菜花海吸引游客。“创意花田”带来了巨大的旅游市场效应。创意花庄新增了梯田悬崖小火车、山地滑道等游乐设施，增加了油菜花田的观赏性和趣味性。还引进社会资本做足“油菜花经济”，在花田之中建设咖啡吧、民宿、茶馆等一批优质旅游项目，推动旅游产业链不断延伸。再利用抖音、微博话题热度进行宣传，让油菜借助互联网东风大放异彩。在网络大潮中，“油菜花经济”也在不断创新，例如有的地区以五彩油菜花季为重点，以“户外精致赏花玩乐”为主题，融入咖啡屋、红酒轻奢文化，并新增网红彩绘墙、紫藤花长廊、风车改造提升等项目，满足不同年龄段游客的多元化需求。从浪漫的油菜花田到精心打造的咖啡吧，从赏心悦目的创意农田画到设施完善、体验项目多样的特色景区……乡间农旅已经在“种油菜花”上玩出了新花样，“花经济”越开越旺。

3. 传奇故事：野生油菜的绵延不绝

在我国历史的长河中，有很多传奇的神话故事，而关于油菜的故事也不少。

相传远古时期土家族祖先巴人被推为五姓部落的酋长，称为“廪君”。廪君率巴族乘舟溯清江（今湖北省西南部）而上，向西进行部族大迁徙。到达盐阳后，遇到了尚处于母系社会的盐水（今湖北清江）女神部落，部落首领是盐水女神。她不仅长得楚楚动人，且聪颖智慧。这位女神一见到廪君，就被他的英雄气概所折服，产生了爱慕之情，愿以身相许，和廪君结为夫妻。女神对廪君说：“我们这里方圆广阔，有出产丰富的鱼和盐，希望你能留下来，和我共同生活，不要再往前走了。”廪君虽然也被女神的美貌和风韵所倾倒，但发现盐阳地方太小，不适合部族都在此生活。如果自己单独留下，也对不起部族的父老乡亲。思来想去，廪君还是婉言谢绝了女神的要求。痴情的女神并不甘心，她想用咒术的力量挽留住自己的心上人，她使用“遮天蔽日”之术，让廪君的部落迷失方向，寸步难行。就这样，廪君部落被困在深山老林里足足七日之久，所有人都饥饿难忍，难以再支撑下去。如果再没有可食之物，廪君部落将面临“灭族之灾”！廪君当时在林中四处觅食时，惊喜地发现了生长茂盛的野油菜。廪君从小便食用此菜，深知油菜可以抵御饥饿。果不其然，部落众人在吃完野油菜后，精神倍增，士气大振，暂时摆脱了饥困之扰，更避免了灭族之灾。最后在廪君的带领下，部落一路向西，终于找到了一块适合安家的土地。

湖北恩施溪涧中的野油菜

王昭君故里的油菜花田

在王昭君故里——湖北省兴山县附近，有一块不用播种也能收获油菜籽的神奇土地。这块土地面积约200平方千米。当地人每年冬天将山坡上的杂草灌木砍倒，用火将草木烧掉。待几场春雨过后，就会生长出碧绿的油菜。这里周边20多个村庄的人家每户每年可收野生油菜籽60多千克，基本上满足生活用油所需。一名老农说："我从出生起就吃这种油菜，前辈人也是吃的它。记得过去发大洪水，连坡上的树都被连根拔起，可第二年春天照样长出野生油菜。"据当地人相传是昭君姑娘出塞前曾在此采药，种下菜籽，并嘱"连发连发连年发"，所以此地的野生油菜才"野火烧不尽，春风吹又生"。

经过科学研究，人们发现野生油菜能够千年不绝的原因主要是由于其生长在特殊的地理位置和环境下。这片土地位于海拔1200米的高山上，土壤肥沃，气候适宜，春雨丰富，这些条件共同促进了野生油菜的生长和繁殖。此外，野生油菜还具有强大的生命力，能够适应不同的环境，自我繁殖和更新能力强，这也为它的生存和延续提供了保障。虽然用科学的原理解释了此油菜为何千年不绝，但当地人的传说故事

油菜花田制作的景观

仍然有着重要的意义。它不仅为这片神奇的土地增添了神秘色彩，也表达了当地人民对昭君姑娘的纪念和对这片土地的深厚感情。

不管是油菜解救了廪君部落的故事还是昭君故里神秘的野生油菜花田的故事，都在诉说我们对油菜文化的喜爱与传承。

油菜的成长历程与我们的文化传承如此息息相关，那么你还知道哪些油菜的故事呢？也可以和身边的亲朋好友分享，一起深入探寻油菜的世界。

后记

关于油菜花的故事，到这里就告一段落了。其实创作这本书的契机是农展馆贾老师的一个很棒的提议——让我来主笔撰写《金花玉露·油菜》一书。他随后将师高民先生的《万食之源·小麦》赠与我阅读，我一边惊叹于师先生对小麦篇撰写得十分详尽，一边对自己所要撰写的内容很有压力。直到2022年，我才开始提笔写下这关于油菜的故事。

其实我与油菜是极为有缘的，因为生长在南方，小时候家中便开始种植油菜，春天里我最喜爱的蔬菜也是油菜的嫩苗。不过我家地处丘陵地带，家中一亩三分地的油菜并不用来榨油，基本都是作为蔬菜食用。每当我路过郊外田野时，金色的花海与家乡波光粼粼的河流相互交缠在一起流向远方，便能感受到春天带给人的无尽希望。长大后我离开了南方，去往北方求学，春天里再看到油菜的机会少了。但油菜花田火了，花田里游人如织。江南水乡的油菜仿佛成了春天的名片。母亲在电话里总是和我提及，让我回家看看家乡的油菜花有多漂亮，言语里满是自豪。

我本科是学习的景观设计，乡村油菜的美景我略有涉猎，也曾去过江苏、江西等地亲眼见识过油菜花田的夺目风采，并将它融入到我的景观设计之中，但是于我来说，最美的景色还是年幼时家乡那春天的一抹金色。到后来，我继续深造学习，开始与农业结缘，机缘巧合之下，也真正接触到了油菜的种植，并至今都在农业行业里工作。但是提笔开始写这本书时，我仍然没有一丝头绪，害怕自己那粗浅的种植经验，对油菜浅薄的书面研究，会对油菜的解读不够深刻。

2022年年初，我草草写了两章，便去往了国家图书馆借阅一些资料，在拜读了《图说油菜》《油菜的栽培方法》等资料之后，我才开始真正展开写作。书稿的第一稿是在2023年3月完成，历时一年多。我磕磕绊绊的将文字稿终于写好，但自己始终难以满意，一遍一遍地修改措辞，还是觉得难以将油菜的一生表述详尽。但是摆在我眼前更重要的是油菜一书的插画问题。多亏了贾浩老师、师高民老师不断地提出意见，一步步将画稿修改成型，同时本书的插画商延毓老师最后将卡通形象进行美化。本书的插画是大家一起努力的成果，也更希望这本书中的文字与图画能受到广大读者的喜爱。